Nostalgic Buildings

KOBE, OSAKA, KYOTO

神户·大阪·京都

复古建筑
寻影

[日] 仓方俊辅 著

安琦 译

华中科技大学出版社
http://www.hustp.com

有书至美
BOOK & BEAUTY

中国·武汉

目录

I 神户

II 大阪

III 京都

封面 关西学院大学
封底 神户海关

工作人员
设计　芝晶子（文京图案室）
编辑　竹内厚
　　　别府美绢（X-Knowledge）

本书导读

① 建筑（设施）名称

② 本书中的刊登序号（分别对应p10～11、p75、p141的地图）

③ 设计师

④ 竣工年份（如有多个建筑物，则只记载代表建筑）

⑤ 设计师/构造 层数（RC结构代表钢筋混凝土结构，SRC结构代表钢骨钢筋混凝土结构）

⑥ 营业时间、开门时间、对外开放情况等

⑦ 所在地/附近车站

⑧ 照片序号与照片解说（照片的序号与解说相对应）

注意事项

◎ 请不要在开放时间以外进入对外开放的建筑。有些建筑可能仅在开放日可供参观。

◎ 多数建筑可能禁止在建筑范围内拍照或速写，请严格遵守现场规定。

◎ 若是团体参观或以商业为目的拜访，请提前与管理人联系并获得许可。

◎ 公共场合，文明参观！用您的行动感染他人，壮大复古建筑爱好者的队伍吧！

◎ 本书中所写内容的有效时间截止到2019年3月。开放时间、用途、外观、装修等都可能发生变化。请提前确认准确信息。

I

Kobe

神户

与地形相结合的"开发都市"
及其前沿性

在神户,您能够清晰地感受到脚下的地形。南面见海,北面连山,是神户的特色。在如此优越的自然条件的孕育下,神户的建筑应运而生。

开国(19世纪50年代中期,西方国家以武力迫使日本放弃"锁国"政策)后,人们首先建造的是港口。此后,街道随之诞生,成为保存复古建筑的重要区域。神户港于1868年开港。在距此约

神户女学院 04

10年前,江户幕府曾与美国等欧美列强签署修好通商条约,神户正是当时约定开设港口的地点之一。

众所周知,横滨可称作是神户的"兄弟"。两者都与江户时代(1603—1868年)的繁华都市有一定差距,一直到开国为止都属于偏远地区。神户开港时,幕府担忧会与外国人发生矛盾和冲突,于是特意将港口选在了远离传统意义上的繁华区域的地方,称这里为最为适宜开设港口的地方,并在这片土地上建起了新的城市。

港口内设有外国人居留地。作为特区,外国人可以在居留地里生活、与日本人进行贸易,因此建起了很多西洋风格的建筑物。横滨开港在1859年,神户晚了9年,所以居留地的开设也晚一些。但也正是得益于此,刚刚成立的明治政府非常重视开港事宜,从港口开设伊始就十分具有计划性。神户居留地由英国土木工程师设计筹划,街道工整有序,铺有日本最早的近代下水道设施。虽然居留地于1899年被废弃,但由于其街道朝向和大小都与周边不同,即使到今天人们仍旧能够一眼辨别出它的所在。

居留地时代的建筑如今留存的只剩"旧居留地十五番馆"一处。虽然如此,但旧居留地一带在接下来的时间里仍旧扮演着海外贸易据点的角色。像"神户商船三井大楼"11、"神港大楼"09这样的由海运公司或外资银行建造的大楼,现在仍旧气势恢宏,在其他地方十分少见。居留地时代,日本人第一次亲眼见到美轮美奂的西洋建筑,心向往之,并纷纷在大阪和京都仿造。这些留存下来的旧居留地建筑完整地继承了当年的

风貌，成为神户的特色。这样一来，也可以理解为什么"旧居留地"一词在神户如此盛行了。

当时的前沿风潮对神户的影响不仅限于居留地。明治（1868—1912年）初期，政府开始允许外国人在北野的异人馆一带与日本人混居。这一带刚好可以俯瞰港口，风景宜人，于是外国人也渐渐喜其景色自愿迁来此地。"风见鸡馆"07等建筑极富异国情调，可令人切身感受到当年新的文化自外国人聚集地传播至日本各地是怎样的一番景象。

神户港盛极一时，到明治中期已经成为超越中国香港和上海的东洋第一港口。为应对港口规模的扩大，"神户海关"02和"神户设计、创意中心"10也拔地而起。

神户南面地形倾斜，日照优良，非常适宜居住。当时这里建造了一片名为"盐屋"的住宅区，正是选择了距神户市中心距离适当的一处高地，"詹姆斯宅"01就是其中的一处洋房。"旧乾邸"03同样是一所能够眺望大海的宅邸，位于神户去往大阪路上的住吉、御影地区附近。阪神之间的区域临山背海，数条铁路直穿而过，并为大阪和神户的飞速发展所带动，成长为高品质的住宅区。

便利而充满生机的地方正适合教书育人。"关西学院大学"12与"神户女学院"04均为看中了阪神之间的地段而新设的学校。两校的整体设计和细节装饰皆由建筑师沃里斯操刀。虽出自同一人之手，但两者的风格截然不同，各自结合并体现了地形与使用者的个性。据说二者皆是令沃里斯极为得意的作品。当

上 神户女学院 04　下 旧乾邸 03

然，这与两校采用的西班牙修道院风格也不无关系。红瓦白墙互相映衬，在阳光下煞是好看。

若说起铁路开通带动阪神之间区域的开发，就不能不提"甲子园会馆"05。这个度假酒店是综合休闲中心

的一部分，设计交由世界级建筑大师弗兰克·劳埃德·赖特的弟子远藤新负责。远藤能够承师志打造出这个怀抱于自然当中的人工"乌托邦"，得益于阪神间独特的地理条件。

说到神户与阪神之间的区域，总会想用"开发都市"一词来形容，但似乎又有些欠妥。就拿"白鹤美术馆"06来说，它的风格形成离不开滩地区酿酒的传统。但即使如此，在这里的每一栋建筑中，您仍然能够感受到那仿佛煦风拂过一般的新鲜气息。这片土地拥有最难得一见的地形条件，人们在此行走、生活，开启灵感的大门，并创造出最前沿的风格。"开发"诞生于自然与人工的邂逅，又带来优美坚实的建筑供我们欣赏。

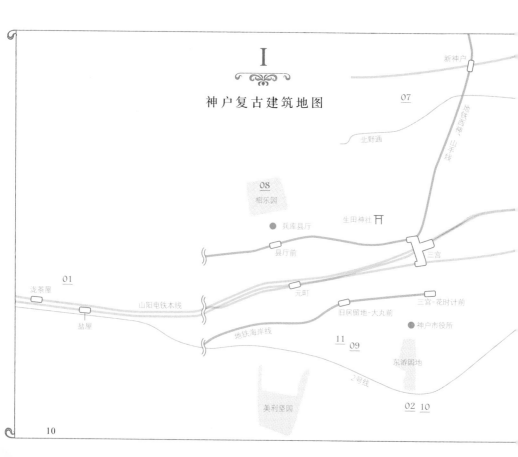

I

神户复古建筑地图

神户设计、创意中心 10

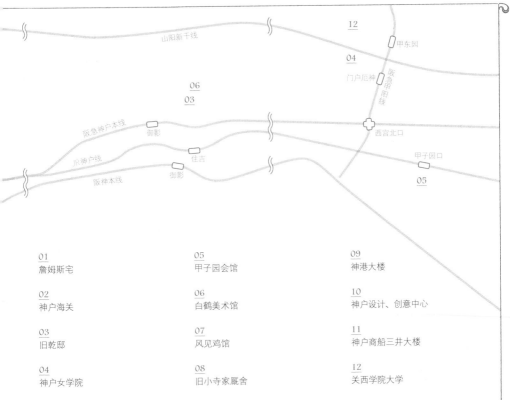

山阳新干线

12

甲东园

04

门户厄神 阪急甲阳线

阪急神户本线

御影

JR神户线

住吉

阪神本线

御影

西宫北口

甲子园口

05

06

03

James-Tei

自丘陵远望海岸的奢华宅邸

詹姆斯宅

no.01

Takenaka Koumuten

1934

1934年/竹中工务店/
RC结构 地上2层、地下1层

1

1.玄关处的格子门，其流畅、华丽的轮廓令人印象深刻。
2.圆形展望台上开有8扇拱形窗户，可眺望神户从山到海的各个方向的风景。
3.通往瞭望台的螺旋楼梯，让人联想到船只。

Data

作为饭店经营，可承接婚礼
开＝11:30—15:00、17:30—21:00
（饭店）
休＝周三、举行婚礼的周末及节假日

Access

兵库县神户市垂水区盐屋町6-28-1
山阳电铁泷茶屋站步行7分钟
JR盐屋站步行13分钟

屋主名叫欧内斯特·威廉·詹姆斯，1889年出生于神户，其父母都是英国人。他的父亲是一名船长，大多数时间生活在神户。詹姆斯自小精通日语与英语两种语言，也因此广结人脉。又因其对时局的准确判断，从而做出了一番事业。他在而立之年便已跻身日本最富裕的外国人之列。他的经历可谓是国际都市神户通过海洋与世界相连的代表性故事了。

他将自家房子建在临海的高地上，采用了西班牙风格。西瓦明亮的色彩与墙壁干燥的触感为其特征，与自南面洒下的阳光相得益彰。

如戏剧般的光影仿佛在邀请访客来到楼上

1.窗户上点缀有花窗玻璃。
2.楼梯线条舒缓，似在诱人上去。
3.壁炉采用伊斯兰风格的尖头圆拱形。
4.壁炉旁柱子顶部的雕刻十分精美。

进入屋里，那如同戏剧一般的光影变化更是令人印象深刻。在阳光的照射下，色彩浓郁的装饰与各种各样的建筑材料令人目不暇接。自圆形瞭望台便可遥望大阪，天气好的时候连淡路岛都可以望见。通往瞭望台的楼梯令人联想到船的形状，也仿佛在诉说着詹姆斯的一生。

这是一座仿佛画中才有的富豪宅邸。然而，这也不过是詹姆斯倾注巨额财富所建造的建筑物中的一栋罢了。20世纪20年代起，詹姆斯试图买下这个丘陵附近的广阔土地，用西班牙风格建起一片外国人住宅区。战争给他的计划投下了一片阴云，最终没能按照理想建造。尽管如此，这一带还是以他的名字命名为"詹姆斯山"，刻下了属于他的印记。

西瓦色彩鲜艳，引人注目

1.瞭望台使用的西瓦色彩鲜艳，自远处看去亦十分抢眼。
2.泳道上刻有的数字证明这里曾经是泳池。
3.玄关的装饰富丽堂皇。
4.天花板的花纹也为典型西班牙风格。悬挂的灯具更添风味。
5.位于花园对面地下部分的墙上喷泉。出水口为张着嘴巴的水神。
6.多种风格的融汇亦为看点。壁炉的花砖接缝处也见巧思。
7.瞭望台地板上所铺的花砖尤为鲜艳华丽，更加凸显光与影的
戏剧效果。

屹立于港口的
圆与几何形状之美

神户海关

no.02

Okurasho Eizen-ka

1927

大藏省营缮课
1927年/大藏省营缮课/
SRC结构 地上4层、地下
1层

1

这是一座与圆形相衬的建筑。海关作为重要的边境象征，通过货物通关、征收关税、查处走私等措施，促使日本与外国的交流在遵守规则的基础之上得到进一步发展。

耸立于建筑顶端的钟楼的正面并不朝向大海，它的细长形的窗户设计十分独特。钟楼仿佛无时无刻不在360度环视四周一般。对于一座只放有3座时钟的钟楼来说，它的面积似乎有些过于大了。但也正因为这"大"，可给予居民一种港口一带秩序井然的安心感。简单的圆形作为与海关最为相衬的形状得到了充分的利用。

神户港于江户末期开港，明治中期进口额超越横滨，成为日本最大的港口。作为亚洲代表性的国际贸易港口，其海外业务也逐渐增多，因此人们建造了这一海关厅舍。

1.玄关大厅为有3层之高的楼梯井。8个柱子围成巨大圆形，地板上也细致地画有8个圆形的花纹。
2.位于二层正面的旧海关长室。其弯曲的形状十分少见。
3.面向呈锐角状的路口，钟楼的圆筒形更加醒目。楼上飘扬的海关旗象征着海关处于大海、天空与陆地的连接处。

Data

一层的神户海关宣传展示室可以参观
开=8:30—17:00
休=周末、节假日

Access

兵库县神户市中央区新港町12-1 JR三宫站，阪神、阪急神户三宫站，地铁三宫站步行20分钟

美丽的几何图形组合

钟楼所面向的道路是为了与当时神户港扩建工程中新建的第三防波堤相连而开通的。整栋建筑的地基为锐角形，故建筑外观的圆筒形更为醒目。其内部建有高大雄伟的楼梯井，亦为圆形，因此旧海关长室也相应呈现出十分稀少的形状。地板以及栏杆等细节处也是随处可见几何形状，为这座建筑赋予了海关独有的个性。

代表海关的红色圆形位于象征着大海与天空的蔚蓝与象征着大地的纯白的连接处——这一具有深刻内涵的海关旗飘扬在钟楼上方，成为建筑的标志。

1.楼梯扶手上的直线排列得极为平衡，呈现出优美的几何学组合。
2.旧海关长室的门上所绘装饰令人想起南洋的植物。使用如此富有异国情调的图案正是由于海关是面向海外的窗口。
3.旧海关长室曾被当作贵宾室使用，使用格调高雅的古典主义式样。
4.通往钟楼的楼梯。楼内共有4层。

The Inui Family Former Residence

厚重与精致兼具
令人目眩的山手宅邸

旧乾邸

no.03

Setsu Watanabe

1936

1936年/渡边节/RC结
构、部分木结构 地上3
层、地下1层

1

2

瀬户内海边的山脚下的御影、住吉地区，建有许多实业家的豪宅。建筑师渡边节便在这一带为乾新兵卫——将家族发展壮大的乾财阀第四代继承人，专门建造了一座规模宏大的宅邸。

来访的客人在进入玄关之前需要多次改变方向。从正门进来向右手边走几步，便可看到凸出于建筑外的门廊。柱子间设置有几涌小小的喷泉，引人注目。出水处雕刻着几只诙谐的羊，正引得人忍俊不禁，却发现自己已走到了这长长门廊的尽头。接着向左转，便可进入另一条回廊，这里朴素、稳重，让人感觉仿佛置身于修道院一般。这时，左手边会看到一道门，打开便是玄关了。那里有着高大威严的楼梯井，静静地等待客人的到来。

1.楼梯井会客室中的楼梯将厚重感与轻快感巧妙结合，可称为精美的工艺品。
2.以正统古典主义风格雕刻而成的柚木装饰是厚重感的根源。
3.会客室的核心区域——暖炉。脚下的大理石与石砖历经岁月，更具韵味。

Data
正常情况下不对外开放，每年会举办数次特别展览（通过往返明信片提前预约）

Access
兵库县神户市东滩区住吉山手5-1-30/阪急御影站步行15分钟

3

玄关大厅的楼梯采用极为庄重的款式，但与其相邻的花窗玻璃却显得清爽、华丽。隔壁的会客室的设置使得整座建筑更具包容力。与其说它是住宅，倒不如说是社交场所更为合适。楼梯扶手上的装饰也设计得精巧可爱。

厚重与精致的元素随着人的一举一动交替出现，令人目眩。无论在建筑的外部还是内部，巧思满满的细节都给予访客无限惊喜。设计师渡边节统筹建筑内外部分，同时进行设计，将建筑的平面结构合理地分为上下两层和中层回廊，并各自体现了对公与对私的不同风格。渡边以俱乐部和大厦等公共性建筑的设计而闻名。这栋宅邸正是他本人风格的完美再现。漫步其中，我们也可感受到他隐匿于每个细节中的奇思妙想。

1

1.会客室的朝南向巨大窗户使用倾斜格子图案的花窗玻璃，为屋子带来充足的阳光。
2.玄关大厅楼梯的三层处设有一个平台，为楼梯井的空间添加韵味。
3.玄关大厅的入口处可以看到以大块玻璃和铁制成的精致的门，与台阶的厚重感形成鲜明对比。
4.玄关大厅的台阶扶手使用岩石。
5.壁炉中用来放置柴火以便于燃烧的"火鸟"的表情亦是个性十足。
6.会客室内楼梯扶手的线条如植物般流畅美丽。

1.在玄关大厅的玻璃窗处可欣赏洒在门廊
上的阳光。建筑内部与外部经过精心设计
形成相互呼应的关系。
2.门廊的天花板呈弧度平缓的圆拱状。
3.在楼下可以看见会客室的花窗玻璃。上
方露台的对面即位于三层的日光房。
4.自羊头中涌出的墙上喷泉成为门口到玄
关之间的一处亮点。
5.二层浴室的天花板呈舒展的圆拱状。窗
棂宽敞，给人以明亮、清洁之感。
6.门廊没有使用传统古典主义的设计，而
是使用岩石和砖瓦砌成，保留粗糙的朴素
魅力。

曲折门廊保留粗糙美感

Kobe College

沃里斯的教书育人的建筑空间

神户女学院

no.04

William Merrell Vories

1933

1933年/W.M.沃里斯/
现存12层沃里斯校舍

1

1.讲堂的拱形天花板将学生们包围起来。正面的两侧装饰有阿拉伯式藤蔓纹样。
2.礼拜堂仅有一边设置有吊顶低矮的侧廊，十分少见。从窗户透进来的阳光显得明亮又动人。

Data
一般情况下不对外开放，每年有10天左右的一般公开日（须提前预约）

Access
兵库县西宫市冈田山4-1/阪急"门户厄神"站步行10分钟

　　延伸于山丘之上的一方校园，是建筑师沃里斯的世界。适合大众口味的普通设计中生出多种变化，使这里成为一个游离于外界的小小宇宙。

　　小宇宙由朴素而凛然的正门处开始。大门洞开，似乎没有拒绝路人好奇的视线的意图。这大概是因为门后留有曲折的小路，从外面很难窥见校内样貌。

　　最先从茂密树丛中冒出头来的是音乐馆。露台与阁楼绘满了阿拉伯式藤蔓纹样，花砖似爬山虎一般在墙壁上曲折蜿蜒。放置在楼顶的风向标是一个少年举起笛子吹奏的雕塑。宽阔的墙面如同画布一般，上面的各种细致巧思争奇斗艳，也向来访的人们预告接下来他们将要看到的浪漫风景。

　　神户女学院于1875年由两位自美国而来的女性传教士所创立，是日本的历史悠久的教育机构之一。20世纪20年代末期决定搬迁至现址，由沃里斯担任设计。

当时完成的是以长方形广场为中心的校园。从西门进入后，首先看到的是将总务馆、讲堂与礼拜堂结合为一体的建筑。隔着中庭的是图书馆，东西分别设有文学馆与理学馆。此外，还有社交馆及体育馆等。校园各处以回廊相连。中间封闭的中庭在发挥实际用途的同时，想必更是一个象征建筑与建筑的不同个性、甚至人与人的不同个性相互磨合、包容的空间。

沃里斯为传教来到日本，始终相信建筑在教书育人时能够产生巨大的影响。而从这处建筑群中，我们亦可感知到他那坚定的信念与出色的构思能力。

讲堂庄重雅致，
空间舒畅大方

1.门上嵌有一面小镜子，其外形与木纹走向一致，设计十分精致。
2.大圣堂的花窗玻璃样式朴素，单一色彩更显校园的静谧。
3.讲堂入口。仅门上方的接缝处为放射状，给人以弧形的错觉。
4.包围讲台的舞台口采用简单大方的罗马样式。

倾泻于走廊之中的动人光芒

1.将总务馆、讲堂、礼拜堂相连接的高大走廊。洒落于狭长空间中的阳光富有艺术效果。
2.楼梯的扶手设计精巧。
3.楼顶瓦块色彩斑斓，但远看反而给人以沉稳之感。
4.正面立有十字架、一眼便可认出的礼拜堂融入校园整体风格中。
5.虽质朴却典雅大方的正门，门后便是校园。
6.中庭中椭圆与十字形结合的道路将四栋建筑连接起来。正面为图书馆，左手边为文学馆。

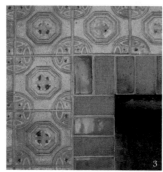

风格各异的花砖遍布各处

1.将不同种类的花砖拼为市松纹样（一种传统日式纹样）的文学馆玄关墙壁。具有光泽感或亚光质感的花砖的样式各不相同。

2.连接校园各处建筑的回廊使用西瓦，带来民宅一般的亲近感。

3.社交馆壁炉的花砖十分华丽惹眼。

4.音乐馆的露台和阁楼绘满阿拉伯藤蔓纹样。

5.图书馆玄关的天花板使用植物藤蔓纹样构成几何形状。

6.总务馆面向中庭的正面。

7.图书馆楼梯井中的阅览室。从朝北向的窗户中照射进来的柔和光线映照着梁上装饰。

8.使用天然材料的空间与自然光相得益彰。

9.从图书馆阅览室攀上螺旋楼梯，则又到达一处令人心旷神怡的好地方。

Koshien Hall

继承F. L. 赖特遗志的壮丽建筑

甲子园会馆

no.05

Arata Endo

1930

1930年/远藤新/RC结构
地上4层、地下1层

1.高度可达天花板的巨型壁炉。球形
与圆形反复出现的设计尤为独特。
2.放有小型壁炉的酒吧。地上铺满色
彩纷呈的粗面砖。

2

Data

每月指定日期可参观，须提前预约

Access

兵库县西宫市户崎町1-13/JR甲子园
口站步行10分钟

　　弗兰克·劳埃德·赖特是20世纪
世界知名建筑师之一。在大正时代
（1912—1926年），他一反常例，没有在
美国创作作品，而给日本留下了巨大的
影响。其代表性的建筑帝国饭店虽然已
经不复存在，但仅看其移至明治村的玄
关部分便可感受到赖特设计的革新性。
　　若要举出与他渊源颇深的另一座建
筑，便要数甲子园会馆了。建造前夕，当
初请来赖特的帝国饭店原经理林爱作全
权决定要将甲子园会馆打造成酒店。他意
图打造一座兼具和洋优点的酒店，因此请
来了在帝国饭店设计过程中作为赖特左
膀右臂的远藤新负责设计。
　　这座度假酒店坐落于风景明媚的武
库川岸边，是作为包括甲子园球场等游
乐空间和住宅区的综合休闲中心的一部
分来计划建造的。与都市型的帝国饭店
大有不同。

远藤以继承自赖特的有机建筑思想交出了这份答卷。具体来说，就是通过设计使由大至小的物体自然相连，以使人类的居所确实融入自然空间。

从空间布局上来看，表现为玄关所在的中央地带与大厅和休息室相连，左右继而如伸出手一般延伸出较短的走廊，通往各客房。可谓将西洋的社交性与日式的隐私感完美融合。在设计方面，采用了"万宝槌"等日本文化元素，去除了较为粗犷笨重的一面。整座建筑与选址处多变的地形也正相契合。与其他只取外在的"赖特式"建筑不同，日本所传承的赖特的真正遗志由关西所守护。

1.中间部分为玄关。左右为大厅和休息室，再往两边是客房。
2.天花板挑高的接待室。南侧的大型玻璃窗连着阳台。
3.宴会厅中的天花板挂满市松纹样的顶灯。柱子上的装饰物也形成柔和的光线。
4.万宝槌这一象征好运的主题元素处处可见。
5.宴会厅中的装饰看起来仿佛有东西流下又凝固在半空一般。
6.宴会厅前的喷泉配有小台阶。

碧绿的屋顶砖瓦与松林相配

1.多处使用各种贝壳形状的灯罩。
2.玄关大门仍留有旧时酒店的痕迹。
3.从正面看去十分显眼的塔楼中汇集了厨房和
壁炉的烟道，以赤陶和镶边瓷砖修成。
4.为使屋顶砖瓦与四周的松林相搭配，采用了
绿色，在最高处放置有万宝槌。
5.南侧伸出的阳台与东西的客房楼相连接。
6.东大厅天花板的形状复杂，悬挂有贝壳串一
般的顶灯。
7.最顶层四层的客房设计为茶室风格。

充满精妙和风元素的潇洒美术馆

白鹤美术馆

no.06

Takenaka Koumuten

1934

1934年/竹中工务店/
SRC结构 地上2层

Data

举办春秋两季展览会时对外开放

Access

兵库县神户市东滩区住吉山手6-1-1/
阪急御影站步行15分钟

美术馆创始人名作嘉纳治兵卫（雅号鹤翁），在古典美术方面造诣颇深。他是白鹤酒造的第7代传人，其家族创业于1743年，历史之悠久在滩地区的造酒商家中也是屈指可数的。他不愿收集的作品只能供自己一人把玩，于是为将这些作品向社会公开而设立了白鹤美术馆。

白鹤美术馆的特征是对和风元素的大胆运用。窗户尺寸与西式建筑物相同，结构上也采取了最新的钢骨钢筋混凝土结构。建筑中还可以看到多处反拱屋顶，源自寺院的建筑形态也比比皆是。

日本的传统中原本是没有美术馆建筑的，但由于其内展出的作品皆是东洋美术作品，故采用了这样偏和风的设计。按常理说这种设计会使得建筑过于厚重，但白鹤美术馆却并没有给人这种感觉。美术馆的整体氛围如微风拂过般清爽宜人，将和风的轻快感表现得淋漓尽致。这究竟是为什么呢？

1.玄关所在的别馆与展示室所在的本馆由游廊所连接。
2.钢筋混凝土造的柱子与房梁相连的部分亦采用佛教寺院建筑的形式。
3.一层展示室的天花板采用江户时代（1603—1868年）书院造建筑中最为上等的反拱天花板，格调极高。左手边的展示陈设空间仿佛将地板分成多个区间一般。
4.中庭中放有与创始人关系密切的东大寺大佛殿前金铜制八角灯笼的复制品。

我们或许可以从游廊中寻得答案。游廊将玄关所在的事务科与作为展示室的本馆相连接。人们漫步其中，心情也会逐渐不同。

游廊的灯上刻有白鹤纹样。这一源自自家酒窖的意象在展示室的天花板和钉头盖板之上也有所体现。由此可见，正因为身处一片历代传承、离传统如此之近的土地上，才能够建成如此洒脱又不失雅致的建筑。每一处设计都体现出关西设计师独有的长处。

游廊旁的中庭放置着与创始人鹤翁关系密切的奈良国宝——东大寺大佛殿前金铜制八角灯笼的复制品，显出日本与大陆文化不可分割之处。无论是以东洋美术为主的展品，还是建筑设计、中庭构造等，无不体现出关西在东洋文化框架中形成的独特修养。

隐于各处的鹤图案

1.展示室的钉头盖板设计成鹤优雅起舞的形状。
2.玄关顶灯上也有鹤的纹样。
3.二层展示室的格状天花板上也绘有数只鹤。
4.壁炉护栅设计精巧，富有东洋韵味。但其所在的会客室属于非公开区域。
5.在玄关可越过中庭眺望本馆。

5

坡上洋房 心驰主人故乡

风见鸡馆

G.de.Lalande

1909

1909年/格奥尔格·迪·拉兰德/
木结构 地上2层

明治（1868—1912年）到大正（1912—1926年）年间，北野异人馆附近洋房鳞次栉比，风见鸡馆正是其中的代表建筑。走过上坡小路，便可在北野町广场正面看到它的身影。抬起头来，一只满脸写着迷糊的鸡矗立在房子最顶端，那是一个"风见"，也就是风向标。屋顶坡度大得惊人，红砖墙壁鲜艳夺目，是很少见的建筑形式。

1.在一层与二层设有宽敞的阳台，侧面以木质墙壁覆盖，显得十分轻盈。
2.会客室一角的壁炉。左侧的照片中是托马斯夫妇。
3.一层起居室的吊灯装有滑轮和链子，可以上下移动。应该是由于当时灯泡光亮较暗，为手边照明而设计。
4.餐厅壁炉一旁的花窗玻璃将植物以曲线表现出来，可以看出受到当时德国新兴青春艺术风格的影响。

Data

开 =9:00—18:00
休 =2月、6月的第一个周二
入场费 =500日元（约33元人民币）

Access

兵库县神户市中央区北野町3-13-3/
JR三宫站，阪神、阪急神户三宫站，
地铁三宫站步行15分钟

正是这满溢的异国情调为北野异人馆逐渐转变为旅游胜地贡献了自己的一份力量。同时，20世纪70年代后期拍摄的连续剧《风见鸡》在这里取景，风见鸡馆随之更加引人瞩目。神户市将其收归政府，进行了装修改造。周边的小路、广场均是当时整修街道时所建。

风见鸡馆最早是德国贸易商哥特弗里德·托马斯一家的住宅。建筑每一部分的氛围都大不相同，令人印象深刻。门上所写的"Rhenania"是托马斯的故乡德国的莱茵河的拉丁语。一层餐厅的内部装饰多采用莱茵河畔古城所使用的

设计，稳重而气派。然而到了其他房间，风格却突然改变。一些房间有着大大的落地窗，明媚又轻快。

话虽如此，这栋建筑并不仅仅体现了对故乡的传统的留恋。花窗玻璃和书房的墙壁上甚至出现了德国新兴的青春艺术风格，这在当时还很少见。

这座建筑并不追求关起门来的整齐划一，而是希望每一个房间都能够带来独特的美好遐想，真可谓是一座浪漫的宅邸。而风见鸡——状似鸡的风向标正是这一个性的象征，跨越时间撩动着人们的心。

精妙装饰为房间
带来缤纷色彩

1.一层书房设有窗子向外伸出的谈话空间，仍放置着托马斯一家人居住时使用的中国风家具。
2.连接一、二层大厅的楼梯。两层均以大厅为中心布置了数个韵味不同的房间。
3.陡峭的房顶上站立着风见鸡。
4.书房裙板上的洛特雷克风绘画。
5.餐厅裙板的设计致敬莱茵河畔的古城。

The Kodera Stable

圆顶马厩竟如此美丽

旧小寺家厩舍

no.08

Kozo Kawai

1907

1907年/河合浩藏/砖砌 地上2层

Data

内部不对外开放 开="相乐园" 9:00—17:00 休=每周四 入场费=300日元（约20元人民币）

Access

兵库县神户市中央区中山手通5-3-1相乐园内/JR、阪神元町站步行10分钟

1

一座马厩，被指定为日本重要文化遗产。这一带曾是小寺家的宅邸。小寺于明治中后期建了一座日本庭园，也就是现在的"相乐园"，对公众开放。1941年，相乐园的土地划归神户市所有，当时宅邸的本体还在，可不久后不幸被战火烧毁。仅从如今留存的大门与厩舍也可以推想出当年的宅院是怎样一番气魄。

厩舍从上空看呈L形。南北两栋是带有通风口的马棚。中央部分由于需要换气被建得更高。横跨几个部分的木造屋顶桁架十分工整，远远看去心旷神怡。

东西栋各部分的屋顶高度相同，但分为两层。一层停放马车和汽车，二层是厩务员室和马的粮草仓库。建筑的一端建有交错的螺旋楼梯。

这厩舍极富存在感，无法想象竟是一所宅院的附属物。做到这一点并不只依靠巨额的资金，更有赖于设计师河合浩藏的实力。楼梯间顶部凸出的圆顶等许多独特的设计正是因为这不是一栋普通的建筑才能够成立。砖砌的墙壁、木造的屋顶骨架毫不掩饰地暴露在外，粗糙的美感似乎揭示出这里的主角并不是人类，反而创造出别样的魅力。

1.为保证通风良好，马所在的地方设置通风口，光线从高处的窗口照向屋顶骨架。
2.将德国木造民宅中经常使用的材料组合起来，打造出富有存在感的建筑外观。
3.阳光透过塔上的竖长窗户照向螺旋楼梯。
4.红砖与石头所砌成的外墙。

效仿美国摩天大楼的办公大楼

神港大楼

no.09

Kinoshita Masujiro

1939

1939年/木下益次郎/SRC结构
地上8层、地下1层

1

1939年2月，作为当时日本最早的美国式办公大楼，神港大楼在旧居留地最好的地段初次亮相。它具备神户最早的集中式冷暖气设备，即使在入口的旋转门里也能享受空调的舒适。踏上绘有市松纹样的地砖，挺起胸膛跨进壮观的拱廊，面前3部电梯一字排开。楼里装有邮件滑送槽，您甚至不需要专门走到一楼去寄邮件。

大楼由诞生于神户的造船业先驱——川崎造船所、东京海上火灾保险公司共同出资建成，这足可表现出自明治初期起便为日本海运做出莫大贡献的两家公司所具有的悠久历史与先驱性。

"美国式"不仅仅体现在机械设备上。建筑的窗户呈四角形，外墙所用的花岗岩等材料无不质量上乘，但与此同时大部分的设计却极为简单大方。建筑主体坚固稳重的形状与顶部塔楼的华丽繁复的设计形成了一种和谐之美。在造型方面，亦是向美国摩天大楼学习，采用了当时美国兴起的装饰风。

Data

由于建筑为办公大楼，禁止进入高层办公区。一层的咖啡厅可正常使用。

Access

兵库县神户市中央区海岸通8番地/JR、阪神元町站步行7分钟，地铁旧居留地-大丸前站步行4分钟

1.磨砂玻璃上有帆船图案。大楼由支撑近代日本海运的川崎造船所及东京海上火灾保险公司共同出资建成。
2.电梯侧面装有邮件滑送槽，现在仍可以使用。
3.富有光泽的花砖和连续圆拱门为地下餐厅增添韵味。

神港大楼建于第二次世界大战之前，在日本全国范围内也十分宝贵。当时，建筑材料受到限制，在三菱商事等的帮助下大楼得以按照原设计建造完成。在特殊时期，其顽强的品格深深扎根于这个港口城市厚重的历史中，历经时间的洗礼，依旧闪烁着动人的光辉。

1.塔楼内部的装饰风图案。
2.塔楼的设计仿照美国摩天大楼。
3.设有两个采光用中庭，确保内部的充足光照。
4.走廊中贴有小块花砖，简洁明快。
5.入口处的旋转门也沿用至今。风格独特的拱廊连接着电梯大厅。

内部空间
亦体现品质

港口历史的见证者
从生丝检查所变身为设计中心

神户设计、创意中心

no.10

Eiji Shimizu

1927

Akira Oshio

1932

"旧馆" 1927年/清水荣二/
RC结构 地上4层
"新馆" 1932年/置盐章/
SRC结构 地上4层

明治到昭和初期，生丝业构成了日本出口业的基础。旧馆建成那年，神户港出口的生丝约占全国的三成。1923年关东大地震后，原本垄断生丝贸易的横滨港大受打击，神户港便取代了其一部分的作用。由此，生丝的质检工作也急剧增多，当地便新建了钢筋混凝土结构的检查所。检查所于1932年从市营变为国营，又扩建了现在的新馆，面积是之前的两倍。

1.旧馆的楼梯扶手和天花板均由曲面构成，显得十分和谐。
2.以仰视角度看楼梯有种漂浮感。
3.装饰物的形状如同刚刚制成的生丝一般，惟妙惟肖。

Data
开=9:00—21:00
休=每周一（若逢节假日则顺延到第二天）

Access
兵库县神户市中央区小野滨町1-4/JR三宫站，阪神、阪急神户三宫站，地铁三宫站步行20分钟

两栋建筑矗立于港口，仿佛在诉说着昭和初年神户作为生丝出口基地的一段往事。1929年大恐慌过后，受到国际关系的影响，贸易额有所减少。生丝出口业也由于战后合成纤维的普及失去竞争力，于1974年落下了帷幕。

令人惊喜的是，在如此庞大历史背景下所建的建筑中竟处处隐藏着精妙的工艺设计。难道因为制丝业是靠手吃饭的行当吗？

两馆皆是以中世纪建筑风格为基调，但旧馆具有罗马式的柔软亲切，新馆则更偏于哥特风格。

富有创造性的细节设计接过为社会做贡献的接力棒，从设计的角度将人与人相连，解决社会问题，以不同的方式发出与现代社会的共鸣。

1

旧馆与新馆的鲜明对比

1.新馆以哥特风格为基调。
2.旧馆玄关左右的柱子让人联想到中世纪的城堡。
3.以蚕茧为主题元素的旧馆装饰。
4.新馆外墙使用镶边砖。
5.组合使用不同材质、风格的砖瓦。

成为海岸通门面的华丽建筑

神户商船三井大楼

1922

1922年/渡边节/SRC结构
地上7层、地下1层

1

1.通往上层办公区的玄关，功能性与气度兼备。顶灯的设计活用了日光灯管的狭长形状，在天花板处勾勒出了特殊的光线形状。

2.走廊的电话配线架仍然使用建筑刚刚建成时的旧物。

3.花砖持久耐用，至今地板装饰仍旧不变。

4.办公层宽敞的走廊和挑高天花板。

Data

一层、二层现为商场

Access

兵库县神户市中央区海岸通5番地/
JR、阪神元町站步行7分钟，地铁旧
居留地-大丸前站步行4分钟

乘船而来的人们第一眼看到的就是海岸通（街道名称）。如上海外滩一般，街道上林立着各式西洋建筑。

旧大阪商船神户分店的设计由渡边节接手，当时从海上看去，大楼的右边就是被誉为日本第一的东方酒店，由风见鸡馆的设计师——德国建筑师拉兰德所建。隔着街道，由河合浩藏设计的旧三井物产神户分店（现为神户海岸大厦）神气十足，对面是曾祢达藏设计的旧日本邮船神户分店（现为神户邮船大楼）。

论这几栋大楼的建筑师的年纪、资历都可算得上是渡边节的长辈。

在国际商社及商船公司等前辈作品的簇拥下，神户商船三井大楼以最新的时代潮流于1922年建造完成。

建筑下层以石块堆砌而成，质感厚重。石砌以上则立起几根足有5层高的柱子，顶端以盾状装饰华丽收尾。工整的3层结构与周围环境相辅相成，给人以稳定感。

当时的电梯沿用至今

　　建造时施工人员首先组好了钢架，从周围两处同时开始填入混凝土以缩短工期。大部分外墙使用一种叫作赤陶的材料。施工团队效仿美国使用廉价的材料，将节约下来的资金用以充实楼内的机械设备等。

　　当时37岁的渡边节凭借这一华美又坚固有力的作品出道，接连不断收到更多的工作委托。直到如今，这栋建筑仍然发挥着重要作用。

1.过去用来迎接乘船客人的楼梯井，柱子使用科林斯式，整体呈古典风格。
2.刚刚开业时的电梯现在仍能够手动使用。
3.屋檐下也有精妙装饰。
4.一层的粗犷外墙是在钢骨钢筋混凝土结构上直接粘贴石材。厚重感源自原始素材的重量。
5.大楼外观成为海岸通的颜面。

与环境共生的校园

关西学院大学

no.12

William Merrell Vories

1922

"钟塔"（旧图书馆）1929年/
W.M.沃里斯/RC结构 地上2层、
地下1层

1889年，关西学院大学由美国南卫理公会派出的传教士创立。1929年迁至现址。第4代院长贝茨曾这样描述新校园："We have no fence"（我们没有围墙）。

与周边景观如此相融的校园实在少见。学校的象征是一座钟塔，其身影与背后的甲山遥相呼应，愈发给人一种人类的居所建在了应选之地的感觉。前方缓慢向东延伸的斜面是覆满青草的广场，两边的校舍与钟塔样式相同。在保持整齐划一的同时，各个建筑内外部的绘画又各不相同，有着独特的个性。

Data

校舍内禁止进入
开＝"关西学院大学博物馆"（钟塔）
9:30—16:30
休＝各个时期不同

Access

兵库县西宫市上原一番町1-155/阪急甲东园站、仁川站步行15分钟

1.楼梯的石头材料保持自然的模样，阳光照射带来阴影交错的景象。
2.木制栏杆和铁制窗框陪伴着一代又一代的学生。
3.位于众校舍之间的礼拜堂入口。

广场西侧被校舍团团围起，但没有完全封闭，非常欢迎外界的客人。东侧没有建筑，通往广场的道路与住宅区相连接，创造出一个学生可以与近在咫尺的家人共同休憩、没有阻挡的温暖空间。

同样由沃里斯所设计的神户女学院与这里相邻，步行即可到达。两校设计时期相近，虽然同样采用西班牙修道院风格，但个性却大不相同。

从两所学校中我们可以看出的是，沃里斯敏锐体察到二者的建筑用地以及使用者的不同并将其反映到整体计划中的出色能力。许多由他经手的其他住宅也是如此。关西学院大学的校园处处透出经营与文化两种气质的平衡，这也体现着沃里斯不仅仅止步于细枝末节的装饰游戏，而是拥有着更为深邃的思想。

1.钟塔上鲜艳的屋顶瓦，拐角处笨重的柱子等均为典型的西班牙修道院风格。
2.简洁却不简单的栏杆设计。
3.钟塔天花板上所点缀的阿拉伯式装饰纹样。
4.楼梯拐角处的地面色彩鲜明。
5.台阶边缘也有精美小块花砖封边。
6.钟塔楼梯间十分雅致。

雅致的楼梯间

以甲山为背景的

校园的象征——钟塔

1.以甲山为背景建成大学的象征——
钟塔。广场为校舍群所包围。
2.礼拜堂的磨砂玻璃窗户隐约映出
周围的风景。
3.从外面采光的设计在视觉上也可
圈可点。
4.在重点强调的部分施以西班牙修
道院风格的复杂装饰。
5.有设计感的金属装饰裸露在房顶
骨架之外，进一步给人以真诚之感。
6.静谧的礼拜堂内部。

河合浩藏

从江户到神户的
意外转型之旅

河合浩藏 ◎ 1856年出生于江户（现东京）。1886—1888年与约西亚·康德和妻木赖黄等人一同在德国留学。回国后担任司法省建筑主任，于1905年其49岁时辞职，开始在神户经营设计事务所。本书中未记载的现存作品有旧日濠会馆（现海岸大楼，神户市中央区，1911年）、神户市奥平野净水厂设施极速过滤场（现神户市水科学博物馆，神户市兵库区，1917年）等。1934年去世。

本书介绍了河合浩藏设计的旧小寺家厩舍和新井大厦。他的其他作品有造币博物馆、海岸大楼、神户市水科学博物馆等。现存作品虽多，但他本人的知名度并不高，也许是由于他的活跃区域主要在关西。

河合出生于江户的本所松仓町（现在的墨田区东驹形）。他是工部大学校的第4届毕业生，也是当时日本真正接受正统建筑教育的第11个人，可以说十分难得。他也同其他人一道，在日本全面西化的时期为建筑奉献了自己的力量。

毕业后他参与了皇居的建造，负责皇居前广场的石桥栏杆以及装饰电灯的设计。1886年造家学会（现为日本建筑学会）成立时，河合与辰野金吾都是4名创始人当中的一员。力图通过在东京完善议事堂与政府机关区域从而改造城市的"官厅集中计划"启动后，他被派到了负责该计划的柏林恩德·贝克曼设计事务所。

然而，第二年，"官厅集中计划"破灭，只有部分方案能够得以实施。回到日本的河合开始负责官厅集中计划的

其中一部分——法务省旧本馆的设计。由此他便离开中央，开始了人生中的关西之旅。

由于曾负责司法相关建筑的设计，接下来大阪与神户的控诉院（相当于现在的高等法院）的设计也交给了他。作为一片尚未开发、没有竞争对手的土地，关西意料之外得很适合发展。河合的想法也是如此，1905年开始独立经营事务所时，他所选择的就是神户。

如今看来，这一选择正中靶心。在当时，随着社会潮流的改变，神户和大阪的市民们迫切需要真正的西洋建筑，而拥有丰富经验的河合刚好出现在他们眼前。他收到了无数的工作邀请，并将在德国留学时就十分熟悉的沉稳巴洛克风格与几何学新样式相结合，在每一个作品中都倾注了他的巧思与心血。从他晚年的作品中依旧能品出其乐在其中的意味。可以说，这是一次成功的转型。

II

Osaka

大阪

盛产正统复古建筑的社交都市

众所周知，大阪的复古建筑十分丰富。城市中心的中之岛有一座"大阪市中央公会堂^①"13，是用距现在100多年前，在大阪闯出一番事业的岩本荣之助为向这座城市报恩而向大阪市捐赠的巨额资金所建成的。大阪市中有一条自东向西流淌的河流，而中之岛正好将该河流一分为二。公会堂的建造充分考虑到建筑将由市民所拥有、使用，并且因其临近水边，因而选用了相应的设计。公会堂远远看去也是威风堂堂，可以说是这座"水之城""百姓之城"的象征。

① 日本由地方公共团体所修建，供一般市民聚会等使用的设施。

棉业会馆 15

大阪的活力源自水和市民。自丰臣秀吉认定大阪适合作为全国交通枢纽并在此建造城池之时，各地的商人便纷纷前来。豪商开辟水路，使大阪日益成长为当时日本最大的经济城市。

然而这稳定的地位，在近代以来忽而一变。象征着这一变化的正是中之岛。岛上过去建有全国各地大名（江户时代俸禄高达一万石以上的武士）的仓库，但开国后皆成了无用之物。经过一段混乱时期，西洋建筑取而代之，诸如被认为在日本近代经济中发挥重要作用的"日本银行大阪分行"16、成功转型的住友家出钱建造的"大阪府立中之岛图书馆"19、大阪市中央公会堂等。

19世纪，西方皆以过去的名建筑为美。而日本的复古建筑则效仿这一时期的西洋建筑建成。近代的大阪正是这类建筑的宝库。

开国前大阪的布局便将人工建设与自然地形相结合，街道的结构十分明了。那么接下来，就让我们以中之岛为中心，从历史与地理两方面去看一看当时的大阪。

中之岛以北的道路朝向不甚规则，由此我们可以判断出这一带是近现代以来发展起来的。大阪站于1874年开始营业，至今已是第5代建筑了。

中之岛以东、河流上游是大阪城。"泉布观/旧樱宫公会堂"27曾经是明治以后在大阪城附近的废弃地皮上建造的造币工厂。河水不仅用于工厂生产，还被应用于"太阁园淀川邸"23等来到大阪成功创业的实业家们所建的宅邸中。当地建造了一大批适合近代需求的公共设施。昭和初年建成的"大阪府厅本馆"26便是其中的代表。

大阪市中央公会堂 13

中之岛西侧是港口。实际上，大阪与神户相同，于1868年开港，并建造了居留地。但当时大阪港的水位较浅，大型船只无法入内停泊，外国船只大都进入神户港。居留地开设的"平安女学院"31迁去京都，大阪作为居留地的风情早早便绝迹了。

神户的国际港口孕育出旧居留地和北野异人馆。京都更加淡泊功利，注重传统，由此诞生了诸多教会学校和大学。大阪的特征则是在无法直接接触外国的条件下实现西洋化。越是远离就越是憧憬与当今不同的事物。人们的盼望与想象反而催生出原创的美。同样的现象也出现在19世纪的欧洲。大阪的复古建筑可说是极为正统的。

中之岛南面是江户时代以来的工商业者聚集地——船场。这里的街道井然

生驹大楼 17

大阪俱乐部 22

有序。其中的建筑气质又大不一样,"原田产业株式会社 大阪总部大楼"14气度不凡,"芝川大楼"24个性十足,"生驹大楼"17装饰风浓郁。这些建筑多为钢筋混凝土结构,且大多是民间建筑。大阪自江户时代至近代以来一直被誉为"社交都市"。河流打通了交通,人与物相互往来。来自不同地方的百姓为获取利益建立起联系,造就了这座城市。互相为获利而进行交易的大前提是人人各有不同,而交易能够持续下去则建立在信任的基础上。因此,善于沟通的性格极为重要。复古建筑也是如此,是在某种公认的"风格"的基础上轻缓柔和地向对方传达自己的独特之处,以达到与观者相互理解。

船场的"大阪俱乐部"22和"棉业会馆"15是由民间建造的社交场所,风格、样式自由奔放。建筑师用自己的头脑与心去理解西洋建筑这一外来的概念,并成功将建筑建造为人与人之间能够建立信任关系的绝佳处所。如果来到大阪,您会看到,第二次世界大战以前复古建筑这一文明便已经存在于日本。

II

大阪复古建筑地图

13
大阪市中央公会堂

14
原田产业株式会社 大阪总部大楼

15
棉业会馆

16
日本银行大阪分行

17
生驹大楼

18
三井住友银行 大阪总行大楼

19
大阪府立中之岛图书馆

20
船场大厦

21
新井大厦

22
大阪俱乐部

23
太阁园淀川邸

24
芝川大楼

25
堺筋俱乐部

26
大阪府厅本馆

27
泉布观/旧樱宫公会堂

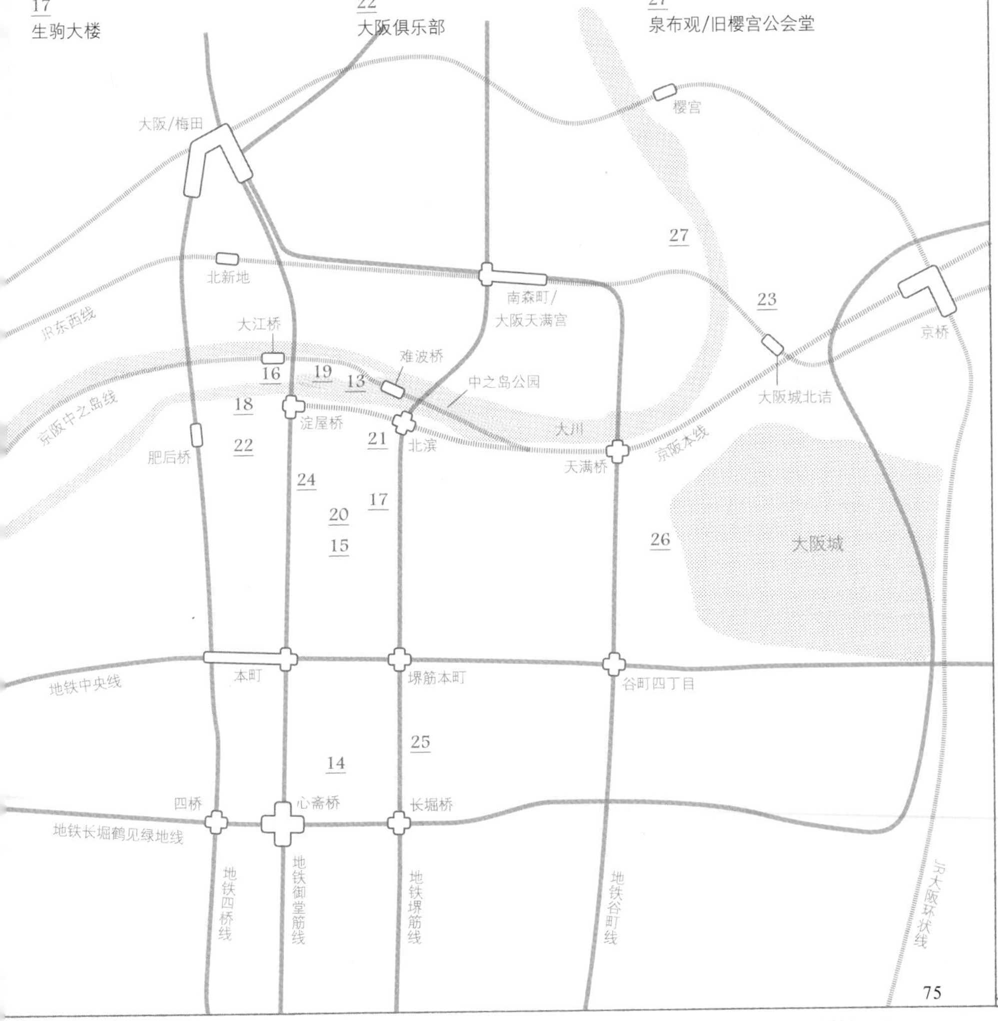

大阪/梅田
樱宫
27
北新地
南森町/
大阪天满宫
23
京桥
JR东西线
大江桥
难波桥
16
19
13
中之岛公园
大阪城北诘
京阪中之岛线
18
淀屋桥
大川
22
21
北滨
天满桥
京阪本线
肥后桥
24
17
20
15
26
大阪城
本町
堺筋本町
谷町四丁目
地铁中央线
25
14
四桥
心斋桥
长堀桥
地铁长堀鹤见绿地线
地铁四桥线
地铁御堂筋线
地铁堺筋线
地铁谷町线
JR大阪环状线

华丽又不失合理性的市民建筑

大阪市中央公会堂

no.13

Shinichiro Okada

1918

1918年/原设计＝冈田信一郎，
实施设计＝辰野金吾、片冈安/
钢骨砖结构 地上3层、地下1层

I

.2

1.中集会室仿若宫殿的晚餐会场一般。3个枝形吊灯几乎保留了集会室建成时的原貌。
2.旋转楼梯连接着几个各具特色的集会室，顶上有光照射进来。

Data

开 =9:30—21:30
休 = 每月第4个周二
＊地下一层设有展示室和自由参观区域。定期举行特别室参观活动，需要提前预约，收费。

Access

大阪府大阪市北区中之岛1-1-27/京阪、地铁淀屋桥站步行5分钟，京阪难波桥站步行1分钟

公会堂坐落于中之岛上。该岛将穿过大阪市中心的淀川一分为二。公会堂建成至今已有百年，其华美足可与中之岛亮眼的中心位置相匹配，堪称大阪的象征。大阪市中央公会堂是一所以市民为主角的公共设施，建筑中包括大小集会室与会议室。正如它不加矫饰的名字一般，公会堂真正起到了它的作用。

大集会室占去了一层和二层的大部分面积。掀开二层座位后的窗帘就是面向外面的窗户，可以看出房间的形状与建筑的侧面完全契合。背面是舞台，正面则是凸出的大厅，呈现出建筑的外部形状。大厅上层是3个会议室，从开馆时起便一直出租。

三层同样没有浪费空间。大集会室的上层是中集会室。2间集会室的柱子与窗户的位置完全相同，但由于装饰风格大相径庭，人们可能很难注意到。中集会室过去被叫作"大餐厅"，因此门上雕刻着茄子和竹笋等食材。舞台上层的小集会室是过去的"中餐厅"。室内以木材为基础，令人完全想象不到其与中集会室的构造区别仅仅是一面墙。

　　另一边与中集会室一墙之隔的是贵宾室，也是现在的特别室。巨大的天花板画上绘有日本神话中的场景；彩绘玻璃上凤凰展翅。这几乎是一座能够成为日本国之骄傲的建筑，很难想象它竟是由大阪实业家岩本荣之助私人出资所建。岩本在明治末年赴美，体会到为塑造近代社会的市民意识，大型集会设施不可或缺。而公会堂正如他所愿，现在仍被应用在各种活动、场合中。他并不是在炫耀自己的财力，也并非想要凑出几个房间出租。岩本，一个再普通不过的市民的名字，就这样永远铭刻在了历史中。

14根圆柱环绕的
大集会室宛若剧场

1.大集会室采用传统欧洲剧场形式。14根圆柱沿墙环绕，
观众能够看到彼此，增强戏剧性。
2.三层的特别室是过去的贵宾室。天花板上绘有伊邪那岐
与伊邪那美一同受赐"造国之茅"的场景。
3.旋转楼梯的中央设有电梯，一直沿用至今。

1

2

1.特别室的正面是庆祝的象征 —— 凤凰。靠近后会发现圆形部
分被做成了透镜，其鲜艳华丽之感更为惹眼。
2.在河流一分为二处可以眺望建筑外观。
3.2002年结束保存再造工程，更新了现代设备。大集会室保留
了原有的椅子。椅子背面可以挂帽子，正面的雕刻也十分精致。
4.利用照明更显精美的小集会室天花板的装饰。
5.绣有花鸟纹样的小集会室的挂毯。
6.大集会室的舞台口装饰化用舞乐《兰陵王》中的假面与装束。
7.从正面入口进入后就是门厅。

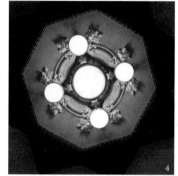

细节处的装饰亦夺人眼球

no.14

Shoko Ogasawara

崭新而开放的街中办公大楼

原田产业株式会社
大阪总部大楼

1928

1928年/小笠原祥光/
RC结构 地上2层

阳光中，建筑材料的特质被突显得淋漓尽致。设计师将能够透过大量自然光的玻璃窗设置在建筑中心部分，是一种新颖的设计。

建筑外部的露台上看不到人影。这是因为这个位置上没有铺设地板，而是以高大的台阶取而代之，在露台前便转换了方向。

这栋建筑最值得一看的是对建筑材料的运用。楼梯蜿蜒扭曲，更加突出木材本身的纹理。抛光的木扶手亦随之扭曲，雕刻为精致图案的铁制支撑物同样在其中变换形状。整个楼梯仿佛在"流动"一般。当然，这是在制图台上精心设计后的成果。此外，玻璃窗从外部看来左右对称，十分稳定，但您会注意到，窗户与房子内部的房间格局并不对应。

1.两房间通过楼梯井互望。
2.石、铁、木如同获得生命一般盘旋而上的楼梯。
3.以富有光泽的花砖镶边。

Data

办公楼不可参观

Access

大阪市中央区南船场2-10-14/地铁心斋桥站步行6分钟

在房子的其他地方，我们也可以随处看到突出材料特色的用心设计。地板上镶满闪耀的花砖，墙壁和壁炉上的贴陶则整齐而细腻。经过设计，光线能够自楼梯井射入两边的房间，各种素材的质感在自然光的映衬下更加醒目。

光线透过窗户射进来，为并不算大的空间带来使人印象深刻的景象。两个房间可以通过楼梯井互望的设计也是个性十足，消除了在封闭空间中憋闷的感受。

建筑师不为固有观念所拘束，创造出了这座令人舒适的建筑。读到这里，想必您也开始明白他能够成为大阪最受欢迎的建筑师的理由。

1

突出材料特色的空间

1.石砖铺成的地板、木制栏杆柱以及细腻的墙壁贴陶都是体现素材本身质感的室内装饰。
2.二层装有壁炉的典雅房间。
3.充满自然光的室内。窗户形状很是特别。
4.面向大道的正面以左右对称为基调，设计工整。
5.穿过大道进入一个拱形的小小空间，在进入室内前给人以安心感。
6.入口处的大门也有手工制作的独特韵味。

别有天地的房间 建筑风格的万花筒

棉业会馆

no.15

Setsu Watanabe

1931

1931年/渡边节/SRC结构
地上6层、地下1层

2

1.高大楼梯井中的谈话室。粗面砖纹样的挂毯看上去就像铺满了过去位于京都东山的泰山制陶所烧制的粗面砖一般光彩夺目。
2.会员餐厅的地板高度有差异。无论自上而下看还是自下向上看都具有油画一般的视觉效果。

Data
每月第4个周六的上午、下午可以参观，需要预约

Access
大阪市中央区备后町2-5-8/地铁本町站、堺筋本町站步行5分钟。

　　光看会馆平实的外观，您绝对想象不到走进大门竟能看到一个如此威严辉煌的大堂。大堂四周围着一圈房间，风格各异，堪称建筑风格万花筒。

　　走进去后右手边是会员餐厅，天花板上布满新乔治亚风格的奢华装饰。来到楼上，特别室采用精致的安妮女王风格，优雅的风格尽显贵族气息。旁边会议室的陈设皆用帝国式，简洁而具有力量感。同层还有一间带有两层高楼梯井的谈话室，在雅各宾风格的基调上又加入新鲜元素。曲线蜿蜒而上的新艺术派楼梯加上墙壁上粗面砖纹样的挂毯，更显天花板之高。

走到这里，漫长的建筑史仿佛一一展现在我们眼前，巴洛克、洛可可、新古典主义、哥特……但实际上，这栋建筑比想象的更为复杂。各种建筑风格自欧洲大陆诞生，进入英国脱胎换骨，或是传入美国；英美各自发展出自己的独特个性，催生的建筑又应用于日本。建筑师对三棱镜般变幻莫测的种种样式了如指掌，好似将它们玩弄于股掌之中一般，以高超的工艺技术挨个搬到现实中来。

每个房间都仿佛自成一栋建筑，内含多种多样的功能区。而这诸多房间能够共存，则是因为大楼本身是以一座"城市"的感觉来设计的。中央的大厅正是其象征。坚固的大理石柱子与拱门的对面能够看见会员的身影；正面的楼梯给人一种置身广场中的错觉，身处其中如同在欣赏街景一样。人们在楼梯下促膝欢谈，正中间的捐助者的巨大雕像注视着这屋中的"城市"。

使人联想到街景的中央大厅

1.谈话室里竹子形状的架子。
2.会员餐厅的天花板上绘有鲜艳华丽的天花板画。
3.拱门前的楼梯富有戏剧效果。
4.大理石扶手勾勒出圆滑的弧形，为楼梯加上几分舞台氛围。
5.正面的东洋纺织（现为东洋纺）专务董事冈常夫雕像，诉说着他所捐的巨额遗产与大阪纺织纤维产业代表们的捐款共同建成棉业会馆的历史。

一間又一間的奢華房間

令人心蕩神馳

1.樓梯井談話室牆壁旁的鐵製樓梯。中間留有窄小平台，
為房間裡增添動感。

2.特別室裝飾中的小鳥紋樣十分可愛動人。

3.二層的會議室未加矯飾，做工精巧，氣氛莊重。

4.入口處的金屬裝飾格調高雅。

5.一層的外牆為石砌風，二層以上的外牆則是市松樣式，
貼有條紋方形花磚。

6.安妮女王風格的特別室，通過應用高端材料，精心打
造出舒適的空間。

6

Bank of Japan Osaka Branch

轻快而带有漂浮感的明治银行建筑

日本银行大阪分行

no.16

Kingo Tatsuno
Manshi Kasai
Uheiji Nagano

1903

1903年/辰野金吾、葛西万司、
长野宇平治/砖结构、石结构

　　每一部分的姿态都那么令人难忘。中央圆顶下方是纪念室。房间呈方形，屋顶则从与墙壁的相接处变为八角形，一直延伸到顶点。

　　天花板上的12块花窗玻璃折射出淡粉色与浅蓝色的光，中间嵌有同样椭圆形的木浮雕。凝神看去，其间还端正地刻着凤凰和日本银行的标志。这里是会客室，过去被称为贵宾室。一处处独具匠心的细节使观者对日本银行更觉亲切。

　　隔壁是楼梯室，一个木与铁杂糅的世界。铁制圆拱稳稳托着木制的楼梯扶手，无须强力的铁柱。榉树雕花仿佛要挣脱束缚，飞到空中一般，将上层与下层连接起来。铁制圆拱亦经过用心装饰。金属材料纤细，且能够留出空隙，其独特的轻快质感也体现在柱子上方的围栏铁饰上。隔壁的花窗玻璃也是同样。

Data

参观内部需提前两周预约。可参观时间是工作日的上午、下午（禁止拍摄）

Access

大阪市北区中之岛2-1-45/京阪、地铁淀屋桥站步行2分钟，京阪大江桥站旁

1.支撑木栏杆的铁制圆拱。纤细且可留出空隙的金属材料独有一种轻快感。
2.天花板上12块花窗玻璃折射出淡粉色与淡蓝色的光。中间嵌有凤凰与日本银行标志的浮雕。
3.中央圆顶下方是纪念室，即曾叫作贵宾室的会客室，活用当时的建造材料重新复原。

设计师辰野金吾借这个机会，在大阪开设了设计事务所，从而将脚步踏出东京，造就了大阪的建筑业。而比起社会地位，这栋建筑更多体现出的是他私下作为设计师的真实性格。他不喜西洋建筑传统的沉闷感，而是倾向于用新材料、新设计呈现出轻快的氛围，令人印象深刻。

2

轻快而纤细的装饰比比皆是

1

1. 纪念室隔壁的楼梯室。使用几何形状的花窗玻璃。
2. 清爽的金属装饰。
3. 1903年刚刚建成时的楼梯和正面内玄关如今被移到别处保存。
4. 精雕细刻的楼梯栏杆柱。
5. 面向御堂筋一侧的外观。

Ikoma Building

屹立于都心的装饰艺术

生驹大楼

no.17

Hyozo So

1930

1930年/宗兵藏/RC结构
地上5层、地下1层

1

坚实平直的线条，绚丽明亮的颜色，未曾见识过的元素悄悄潜藏在这条街道上。昭和年间，日本最早的装饰艺术在电车的轰鸣与行人交错纷乱的步伐中悄然而生，令人们心生向往。生驹大楼作为当时代表性的商业建筑，将当年的风韵原封不动地传达给了现代的我们。

大楼与堺筋和平野町通之间的十字路口相对。堺筋过去有许多电车行驶，而平野町通则是江户时代商人聚集的地方，近代以来商业活动愈加繁盛。贯穿一层、二层的拱形结构拔地而起，从拐角处开始向左右延伸，两端伸至圆窗处结束，极具对称性。

外部墙壁上可以看到带状装饰水平展开，更加强调了两条街道的联系。这一设计在不失历史感的同时，也展示了城市动态变化过程中的最新风貌。

Data

开=9:00—17:30
休=周末、节假日
✱营业时间内可参观内部

Access

大阪市中央区平野町2-2-12/京阪、地铁北滨站步行2分钟

1.一层与二层拱形结构中央的老鹰雕塑，不与建筑一体，仿佛飞到半途在这里小憩，转瞬便要飞向空中一般。
2.房顶上的时钟与刮砖。
3.外墙上水平展开的带状装饰强调连接性。

内部也体现出其坚硬质感。一层的大理石楼梯厚重又不失轻盈之感。装饰风格的特征就是如此，虽然从描述文字看似乎有些矛盾，但若是真的身处其中便可以理解了。

大楼虽吸纳众多流行元素，但因扎根于城市赖以发展的生计而建，并不给人以浮夸之感。大楼刚建成时，钟表与贵金属制品店铺纷纷进驻，想必当时也是繁盛一时。建筑也正是通过这现实的经营诉说着城市的个性。

错落的楼梯扶手创造出独特的节奏感

1.拐角处拔地而起、高达2层的拱形向左右延伸。
2.一层正面体现装饰风格的楼梯与花窗。
3.花窗玻璃呈几何形状。
4.最早使用的电梯标志如今犹存。
5.上层的办公区也保留旧时模样。
6.过去装饰西侧小窗户的花窗玻璃。G和I两个字母是创始人生驹权吉名字的首字母。
7.扶手错落有致，与楼梯板一同创造出独特的节奏感。

Sumitomo Mitsui Banking Corporation
Osaka Head Office Building

兼顾河景与街景的大气办公楼

三井住友银行
大阪总行大楼

no.18

Sumitomo Goshigaisya Kosakubu

1926,1930

1926年、1930年/住友合资会社工作部/SRC结构 地上6层、地下1层

Data

银行正常营业，正常情况下不可参观

Access

大阪市中央区北滨4-6-5/京阪、地铁淀屋桥站步行2分钟

1

土佐堀川从眼前徐徐流过。面对河流的优美的爱奥尼亚柱显示出这里便是建筑的正面。爱奥尼亚柱是一种源自古希腊、罗马的柱子样式，横亘在几乎全无装饰的外墙上。结合起来便具有古典的诗意。实际上，这种设计刚刚诞生不久。

"三井住友银行 大阪总行大楼"于1895年动工，后于1926年、1930年分两次建造完成，打造出如今河畔的风景。

外墙上的爱奥尼亚柱是当时盛行于银行建筑的样式。但这里仅在北、西、东三个方向各雕了一对柱子。向社会显示出建筑无可动摇的威严的，并不是单纯的风格元素，而是墙面整体。

外墙是将兵库县高砂产的黄龙山石碾碎，混入意大利产碎凝灰石，再使用钢架成形法而建成的，给人以压迫感。

各层的窗户设计进一步加深古典气息。整体简明素净，更显格调。每一扇窗户都可以从水面上眺望到，也是充分考虑了周边地形后的设计。

南侧则风格一变，带有稳重的中世纪风格，是考虑到楼下是江户时代以来的狭窄道路设计而成的。在适应城市的气质、结构的同时，大楼也担起了作为老牌企业的社会使命。

1.立于中央的两根爱奥尼亚柱与柱上的楣构。玄关有3层高。
2.玄关内部采用古典风格，宣示着建筑内的豪华。
3.南侧则变为稳重的中世纪风格。
4.细节处也别出心裁。

Osaka Prefectural Nakanoshima Library

威严似神殿的图书宝库

大阪府立中之岛图书馆

no.19

Magoichi Noguchi

1904

1904年（1922年增建两翼）/
野口孙市（增建部分为日高胖）/
砖结构、石结构 地上3层

1

图书馆中央上方的三角形是一种叫作人字墙的古希腊装饰，由4根同种式样的柱子所支撑，后面则是古罗马时广为应用的拱顶。左右两侧的窗户颇有文艺复兴之风。

之所以能够有如此恢宏气势，是因为设计者将中央两根柱子间距加宽，与后方的拱顶配合，巧妙地将各种要素结合到一起。灵活运用不同文明的产物以创造这样的建筑，可以说是日本人自明治初期以来的夙愿。

Data

开=9:00—20:00（周六17:00闭馆）
休=周日，节假日，3月、6月、10月的第2个周四

Access

大阪市北区中之岛1-2-10/京阪、地铁淀屋桥站步行3分钟，京阪难波桥站步行3分钟

1.圆顶下方为平面呈圆形的楼梯室。高大楼梯井中左右对称延伸的楼梯富有戏剧效果，带有巴洛克风格。
2.每一处都严格遵照西洋古典风格，几无错漏。
3.圆顶上的天窗。

内部也是同样。走进屋里，看到的是一个绝妙的圆顶空间。室内狭长，似乎与世隔绝，在迎面而来的楼梯处达到视觉高潮。屋内元素皆不属于日本传统风格。短短数十年便将海外文明尽数内化，明治中期的时代特征可见一斑。

设计师野口孙市曾在帝国大学跟随辰野金吾等人学习建筑。而促成图书馆建造的则是住友家第15代继承人——住友吉左卫门友纯。他向大阪府捐赠巨额建筑费与图书采购费，并给予了当时作为建筑师入职住友的野口发挥本领的机会。

左右两侧的增建部分也是由住友家捐款所建。但野口年仅46岁便已辞世，设计转而交由他的下属日高胖负责。作为非营利空间的气质，以及大阪拥有如此广博藏书的骄傲，都体现在建筑中。

左右增建部分亦保持统一风格

1.线条舒展的楼梯。
2.从大阪市中央公会堂室内可以看到中之岛图书馆的圆顶。
3.中央上方的三角形是古希腊一种叫作人字墙的装饰。
4.左右增建部分也采用统一设计，由日高胖代替设计中央部分的野口接手。
5.门上也施以古典主义装饰。

光与风相随的舒适空间

船场大厦

no.20
Tetsukazu Murakami
1925
1925年/村上彻一/RC结构
地上5层、地下1层

1

1.环绕露天里院的走廊通往各个房间。自然光线自玻璃门窗照入室内。
2.内廊入口处的地板缓缓向上倾斜,与里院连接。
3.地板上铺有木质混凝土块,以在卡车、马车等进入里院时起到消音效果。走廊上的门窗有些是玻璃制的,细看去距离外墙上的窗户也很近。阳光与风穿堂而过,给人以现代建筑中颇为少见的舒适开阔之感。

Data

开=7:00—19:30
休=周末、节假日

Access

＊大阪市中央区淡路町2-5-8/地铁本町站、堺筋本町站步行8分钟

我想,这栋建筑无论怎么说,惊喜还是在"里面"。其外观较为朴素,当年建成时就未曾多加装饰,经过战争摧残后更是收敛。

走进门,人们往往会大吃一惊。中间的门前是如一长条小路般的玄关,地板略微向上倾斜,紧接着映入眼帘的是茂密的植物与从室外照射进来的温暖阳光。再向前几步便会发觉,这里其实是作为通风井的里院。

从里院往上瞧，能看见仿佛被院子四角圈起来的细长天空。四周围着一圈走廊，一直到四楼。与户外如此相通，还能不能算作在屋子里呢？

1925年建成之时，"大厦"还是个顶时髦的词汇，作为描述刚刚出现在东京、大阪的钢筋混凝土结构办公楼的词语而首次登上历史舞台。

这栋大厦显得更为新颖。当初建造时是将住宅用房也包括在计划内的。玄关前的倾斜地面也是为了船场的贸易往来而特别设计，可以供卡车或马车等进门卸货。

转眼100年即将过去。大厦的粗线条设计仍旧吸引着人们的目光。

与户外相连的悠然内部空间

1.采用玻璃门窗以使自然光照进
室内。
2.楼梯中间也设有房间。
3.走廊十分宽敞，身处室内却如
同在户外一般开阔。
4.使用圆拱形的效果恰到好处。
5.较为朴素的外观下隐藏着开阔
的内部空间，令人惊叹。
6.里院中放有植物和长椅，打造
出小胡同般的休闲空间。

Arai Building

曾为银行的轻巧大厦

新井大厦

no.21

Kozo Kawai

1922

1922年/河合浩藏/RC结构 地上4层、
地下1层

Data

上层办公区域禁止进入，一层、二层
有店铺入驻

Access

大阪市中央区今桥2-1-1/京阪、地
铁北滨站步行1分钟

1

新井大厦最早作为银行支行建造而成，建筑本身厚重感与轻巧感并存。离街上行人最近的一层外墙用凌乱的石头砌起，故而看到它，您首先感受到的大概是厚重感。凹凸不平的乱石在上面几层也多有使用。

再向上看，出人意料的是，外墙铺满的是丝毫没有凹凸的花砖。窗户周边连小小的柱子装饰都寻不见，唯一让人稍联想到西洋建筑的传统柱式的只有一层的4根圆柱。柱头形状十分抽象，与定式相去甚远，不似银行作风。

设计师是河合浩藏，旧小寺家厩舍（p50）的建筑师。自那以后大约10年他才创作出新井大厦，更加偏离传统，倾向于平面与几何学风格。但我们仍旧能够从一部分建筑的精巧设计中看出，他在厚重感与轻巧感的平衡上所下的功夫。这一平衡也使得建筑更为复杂多变，从而也可以理解为什么银行关闭之后它还能够在各种方面发挥作用。

河合与辰野金吾几乎同龄，是最早的一批建筑师。虽然他出生在江户，但在留学德国后着手负责上上代大阪地方法院的建筑设计，借此机会在关西独立。此后他接手的工作众多，至今仍在大阪与神户留有许多作品。完成新井大厦时他时年66岁。这样看来，这栋大楼也还算是一栋年轻的建筑。

1.面向堺筋的办公层走廊。
2.楼梯室中间过去设有电梯。
3.厚重与轻巧之感并存的外观。
4.通往商户层的入口。具有独特柱头的柱子和石砌风格的一层外墙。

Osaka Club

大阪经济与企业家的活力源泉

大阪俱乐部

no.22

Takeo Yasui

1924

1924年/安井武雄/RC结构
地上4层、地下1层

这里是由民间的企业家所组成的会员制社交俱乐部。在大阪，另外还有几所同样建筑历史超过百年仍在运营的俱乐部。

大阪俱乐部设立于1912年。1924年完成的第二代会馆如今仍旧是会员们增进感情、交流经验的场所。

一层大厅前可供人们下围棋、象棋或相互交谈。再往里走则是台球区域。这些设施与地下一层的理发店、二层的餐厅一样，仅供会员使用。三层的会议室和四层的大堂可以出租。每层之间都以优美的楼梯相连，酿造出仿佛大宅子一般的氛围，促进会员之间的和睦相处。大阪俱乐部仿照英国形式，取"共同欢乐"之意对应的汉字"俱乐部"，体现出昭和初年的翻译文化。

1.一层大厅前的棋牌室，有围棋棋盘24个，象棋棋盘6个。
2.各层之间以优美的楼梯相连。
3.一层的台球室陈设正规，设有英式球台2台，美式球台3台，分区台1台。

Data
公开参观会、公开演讲等机会时可进馆参观。三层、四层可租赁使用

Aecess
大阪市中央区今桥4-4-11/京阪、地铁淀屋桥站步行5分钟

此外，大阪俱乐部中还有着独一无二的设计。正面独立排列的柱子为印度式，三层的阳台装饰则采用印度桑吉佛塔的设计。无论是外墙上贴有的不同花砖，还是每个房间各不相同的柱子上部的装饰，都体现出鲜明的独特个性。

建筑师安井武雄从东京帝国大学毕业后，接连经手了不少大型设计。1919年经同学邀请，他将活动主场移到了大阪。本建筑则是他在大阪的出道作品。自此以后，他在昭和初期崭露头角的大阪企业与企业家的支持下，坚持着自己所相信的风格，一路向前。

1.一层咖啡厅。
2.每个房间各不相同的柱子上部装饰。
3.此处采用伊斯兰建筑风格。
4.二层的谈话室。使用嵌木工艺的地板美轮美奂。

如大宅邸一般的氛围与独特细节

1

2

3

墙上喷泉坐镇玄关

雕刻成『邪鬼』模样的

1.玄关大厅的正面设有雕刻成邪鬼模样的墙上喷泉。它位于印度式柱子的上方迎接来客。
2.楼梯处的花窗玻璃熠熠生辉。
3.老旧却富有情调的电话室仍存。
4.外墙铺满刮痕砖。
5.独立于墙面耸立的柱子采用印度样式。
6.三层阳台的装饰采用印度桑吉佛塔的设计。
7.转到侧面，西班牙风格的细长窗户更添韵味。

极尽奢华的男爵府第

太阁园淀川邸

no.23

Heishichi Imai

1910

1910—1914年/木工=今井
平七/木结构 地上2层

1

高大的卷棚式封檐板在门口迎接客人的到访。这里是藤田传三郎男爵为其子所建的宅邸,既保留了旧时贵族府第的玄关样式,又设置有幽深的门廊以便车马停靠,是典型的明治以来的和风建筑。

将脚步移入院内,人们皆会为这宽阔的空间所震撼。顺着回廊看,一间又一间的房间意趣各异。

"羽衣间"连楣窗都极为气派,是一间书院造样式(一种传统的日本建筑样式)的大房间。方格天花板中间凸起,壁龛也用了同样的设计。这种设计也是近代和风建筑的特征。

隔壁的"绍鸥间"是一个开放式的大房间,与庭院之间以玻璃门隔断。方格天花板下的露台向外伸出,吸收了西洋建筑的长处,在当时很罕见。

唯一的西式房间是装有推拉窗的"藤间"。仔细观察屋外,可以看到檐下也施有精致的雕刻。从玄关一进门便可以看到藤间,是当时木造洋房的优秀案例之一。

Data
料亭淀川邸正常营业
开=12:00—22:00

Access
大阪市都岛区网岛町9-10/JR "大阪城北诘" 站步行1分钟,京阪京桥站步行7分钟

1.悬于池面上的六叠茶室"大炉"。可由此欣赏筑山式回游庭院。
2."绍鸥间"旧时用作餐厅。为配合人们坐在椅子上的视线高度,特意将地板的位置提高。
3.低矮而曲折的回廊酿出不同氛围。再往前去是八叠茶室"残月间"等距离稍远的房间。

筑山式回游庭院引大川之水进院，院内一派绿意盎然，奇石环绕，石塔、灯笼古色古香。若敞开茶室的窗户安坐其中，想必就如嬉戏于池中一般爽快舒畅吧。

明治到昭和初年与江户年间不同，建筑不受主人的身份、地位所限制，由此也迎来了和风建筑的黄金时期。精挑细选的材料，高超的工艺技术，饱含智慧的设计、创意等元素相互碰撞，造就了一等的和风建筑。

1.装有狭长推拉窗的"藤间"过去曾作为台球厅使用，
突出于里院之中，结构较为独立。
2.高大玄关处的卷棚式封檐板仿佛在迎接来客。
3."绍鸥间"外伸出由铁柱所支撑的露台，使用方格
天花板。
4."羽衣间"为书院造样式的大房间，连楣窗的雕刻
都十分精致。
5.富有设计感的拉手。
6.在"羽衣间"可透过玻璃门眺望里院。
7.为与宽敞房间相配，地板也选用大型花纹。

Shibakawa Building

坚固大楼的不可思议之处

芝川大楼

no.24

Goro Shibuya
Otohiko Honma

1927

1927年/基本规划＝涩谷五
郎，设计创意＝本间乙彦/
RC结构 地上4层、地下1层

虽厚重却不失轻巧之感，如此的奇妙之感在结构与设计两方面均有所体现。

发迹于江户时代的商人世家——芝川家的第6代传人芝川又四郎希望在自家生意的大本营建造一座能够抵御火灾的建筑。经过1923年关东大地震，他更加下定决心，选择了钢筋混凝土结构来建造这座房屋。

当然，建筑的坚固并不只体现在结构中。窗户以及入口处装有铁门以防御火势进入屋内。屋内地板使用不可燃地砖，家具也大多使用金属或石头材料。楼梯上还设有防火卷帘门。层层的严密防护为建筑营造了别样的氛围。

屋外材料也主要以石头和砖为主。此后建筑即使被燃烧弹直接轰炸，受到的伤害也极为有限，二战后不久便得以重开生意。石头与砖在经过精心设计组合后更显历史的厚重感。

1.玄关装饰使用龙山石，其石质柔软，适于复杂加工。装饰中运用了玛雅文明的元素。
2.走廊及楼梯亦别有情致。
3.通往屋顶露台的房间。玻璃上安装有铁丝网。

Data

由于大楼内有多家商户入驻，可进入店铺内消费，但谢绝单纯参观内部

Access

大阪市中央区伏见町3-3-3/京阪、地铁淀屋桥站步行1分钟

玄关附近的几何形状是曾在美洲大陆盛极一时的玛雅文明的标志。外墙上刻有巴洛克风格图样，楼梯栏杆柱与砖饰则使用了伊斯兰元素。当时盛行的西班牙修道院风格在这里得到了淋漓尽致的利用与发挥。沉稳到了极致便可见轻巧之感，这不可思议的魅力令人们流连忘返。

1.铺有地砖的玄关。
2.可供一层与其他各层对话的传声管。
3.楼梯栏杆柱的星形装饰是西班牙修道院风格的典型元素。同样符合装饰风格。
4.楼梯上的黄铜制螺旋装饰。
5.铭板上描绘有表情诙谐的鬼脸，似乎象征着建筑中独特的设计与不可燃材料的使用。
6.楼上的露台呈开阔的半圆形，状似回廊。

4

5

6

Sakaisuji Club

厚重而极富存在感的巴洛克建筑

堺筋俱乐部

no.25

Matakichi Yabe

1931

1931年/矢部又吉/RC结构
地上4层、地下1层

1

这份厚重感自巴洛克风格而来。从文艺复兴风中吸收建筑要素后加以浓墨重彩刻画的"戏剧性"，将多种要素反复叠加，将建筑整体打造为套盒一般的繁复作品。

正面拱顶下方的形状类似凯旋门，其上所施的复杂装饰融合了多种古典元素。正上方修建有阳台以强调中央部分，阳台上的外墙向前凸出。建筑共有4层，正面看来呈细长形。建筑的实际面积虽然只相当于一座小型大厦，但由于左右对称的结构给予的充分的视觉冲击，产生了不输摩天大楼的强烈存在感。

大楼的压迫感在屋内更上一层楼。楼梯井有3层之高，其正面则是令人肃然的金库。这里过去曾是银行的营业间。高大的空间与丰富的装饰相得益彰，并不显得空荡，反而十分充实。

装饰中不经意间还带着几分和风。从中我们可以看出，设计师矢部又吉认为巴洛克风格便是对过去的元素加以创造性的活用。

Data

经营法式餐厅、意式餐厅
开＝11:30—14:00 18:00—21:00

Access

大阪市中央区南船场1-15-12/地铁长堀桥站步行3分钟，地铁堺筋本町站步行5分钟

1.带有3层高楼梯井的气派室内。阳光照射在巴洛克风格的装饰上，落下阴影。
2.上层也留有广阔空间，同样加以华丽装饰。
3.过去曾是银行营业间的金库正面。
4.日本制的金库坚固而有分量感。

矢部从德国留学归来，在横滨经营设计事务所，创造出许多优秀的作品。但其中大半都在战后城市的开发过程中被毁，可知这一幸存的建筑多么珍贵。如今，深深植根于旧时传统建筑风格的大楼与正统的料理相结合，也算得是用得其所。

丰富的装饰极富戏剧感

1.柱头的三角支撑也是传统风格的。
2.充满巴洛克风格厚重感的玄关。
3.位于闹市中左右对称的外观。如今看来
这栋建筑虽然规模不大，但具有不输周
边建筑的存在感。
4.过去的前台周围砌有一圈花砖。
5.旋转楼梯连接上下。
6.楼梯平台也可以通往几个小房间。

交
换
室

神秘而不外露的庄严空间

大阪府厅本馆

no.26

Kingo Hirabayashi,
Kaoru Okamoto

1926

1926年/平林金吾、冈本馨/
RC结构、SRC结构 地上6层、
地下1层

正在使用的都道府县政府建筑当中，大阪府厅本馆历史最为久远。然而，在大阪的近代建筑的相关介绍中我们并不怎么能见到它的名字。想来也是，这座城市中优秀的民间建筑俯拾皆是，并且大多仍然在发挥着重要作用。不过，府厅平实的砖砌外墙与方形窗户大概也是容易被人们忽视的原因之一。人们从外面乍一看，很难想象到屋里是怎样一派华丽景象。

那么，就让我们进门去领略一番吧。正面的玄关正对着楼梯井内的中央大台阶。意大利产大理石十分醒目，仿佛在天花板下挖出了一个巨大的空白空间。整个空间看起来就像是空气凝固成一个立方体，坚不可摧。屋里找不到设计柱头或三角支撑等具有强烈风格的设计，取而代之的是天花板与栏杆上所施的细密纹样。外墙与正面玄关也是如此。藤蔓纹样和阿拉伯式纹样将边缘细细缠绕，为角落等细节处也增添了一份光彩。

Data

正厅每周三、周五公开（节假日除外）
开＝10:00—17:00

Access

大阪市中央区大手前2丁目/京阪、地铁天满桥站步行10分钟，地铁谷町4丁目站步行10分钟

1.正面最上层是专门举行活动与典礼的正厅。2层高的楼梯井贯穿第五层和第六层，天花板中央嵌有鲜艳的花窗玻璃。
2.位于正厅正面的奉安所。人字墙上装饰有金箔制的鹫状浮雕。
3.憨态可掬的天使浮雕。其中有几个还拿着工业的象征——齿轮。

大阪府厅是当时规模数一数二的政府建筑。不论是外观还是内部，做工都十分精密用心，经受住了时间的考验。那么，接下来就让我们把脚步移到正厅。正面的最上层专门用来举行活动或典礼。这里有色彩艳丽的花窗玻璃，憨态可掬的天使浮雕，可以看出效仿的是文艺复兴风格。如此一个可爱动人的空间，与府厅的其他部分气质截然不同。

窗户对面可以看到江户时代的石头墙，以及复原的大阪城。想必建造当时，建筑师便是有意识地想要打造出与厚重历史相契合的空间。

楼梯井的大台阶
给人以压迫感

1.正面玄关的藤蔓纹样。里侧的吊灯采用华丽的阿拉伯式纹样。
2.走过漫长岁月的府厅，连楼梯标志都韵味十足。
3.面向大阪城的外部。二层以上贴有白色人造石砖，观之有清爽简约之感。
4.正面玄关的柱子采用罗马样式。
5.楼梯井的中央大台阶。意大利产大理石十分醒目，仿佛在天花板下挖出了一个巨大的空白空间。

5

Sempukan / Kyusakuranomiya Kokaido

与国家中枢息息相关的西洋建筑力作

泉布观/旧樱宫公会堂

no.27

Thomas James Waters

1871
1935

"泉布观" 1871年/托马
斯·J.沃特斯
"旧樱宫公会堂" 1935年/
托马斯·J.沃特斯

1

　日语中，"泉"与"钱"同音。为使与美丽的"泉"同音的货币（钱）传遍天下（布）而建的高大建筑（观），因此，这栋建筑名曰"泉布观"。这文雅而满含智慧的名字是明治天皇所起。当地设有国家造币局，于1871年开始铸造货币。泉布观是造币局的附属接待所。

　当时最出色的知识与技术都体现在了泉布观的建造中。建筑四周建有游廊，这一特征在长崎的哥拉巴园中也有表现，从中可以看出日本早期的西洋建筑的独特样式，具有珍贵的历史价值。此外，泉布观不用木结构，而是选择了砖结构。建筑中的柱子使用花岗岩，每个房间都设有壁炉，共有8个。

　隔壁的旧樱宫公会堂也是日本西洋建筑黎明期的优秀建筑。建筑正面仿佛古希腊神殿一般厚重典雅，石头的粗糙感别有风味。昭和初期被解体，仅留下玄关部分，摆在如今的新建筑前面。

Data

"泉布观"每年对外开放一次
"旧樱宫公会堂"现作为餐厅营业
开=11:30－15:00
＊园内闭馆为20:00（周二、周三为15:00）
休=每周第二个周三

Access

大阪市北区天满桥1-1-1/地铁南森町站，JR大阪天满宫站步行10分钟，JR樱宫站步行9分钟

1.泉布观四周的游廊。天花板上是由木材组成的菱形。
2.彰显旧樱宫公会堂魅力的石材。
3.令人想起过去工厂群威仪的旧樱宫公会堂。
4.泉布观的中央露台，具有科洛尼亚式露台的特征。当时各地建筑师在建造仿西洋建筑时纷纷效仿这种露台样式。

辰野金吾

焚膏继晷，为拓去路
终得引领建筑业界

辰野金吾 ◎ 1854年出生于佐贺县唐津。与曾根达藏、片山东熊等人一同跟从约西亚·康德学习建筑学。他们是日本最早一批学习正统西洋建筑学的建筑师。1886年担任帝国大学教授，1902年辞去教职。1903年在东京开设辰野葛西事务所，1905年在大阪开设辰野片冈事务所，在全国各地创造出了许多作品。本书中未提到的现存作品有日本银行总行（东京都中央区，1896年）、东京站（东京都千代田区，1914年）等。1919年去世。

"我的脑子没那么聪明，所以别人付出一倍的努力，我就付出两倍；别人付出两倍，我就付出四倍。"辰野的儿子回忆说，父亲的人生信条就是"努力"。

他出生于唐津藩。虽然是最低的一级，但辰野家仍属武士一系，他也因此得以进入明治初期由藩所设立的洋学藩校"耐恒寮"学习。

随后，唐津藩在废藩置县中被撤销，耐恒寮也仅仅开办1年就被迫关闭。辰野便来到了东京，姑且做着补习班讲师来营生。此时，他听说新学校即将开办。他在耐恒寮时的同学曾根达藏通过了国家提供学费的官费生测试。然而，辰野第一次考试时没有合格。数月后新申请的人数竟一下增加到了之前的30倍之多。他废寝忘食，终于以合格者中最末位的成绩进入了官费生的行列。

入学后，他选择建筑为自己的专业，取得了优异的成绩。他能够被派去欧洲留学，也是因为在第一届毕业生当中是学科首席。经过3年的留学生活，他回国后担任了工部大学教授与帝国大学工科教授的职位，继承康德衣钵成为建筑学教育的核心人物。

自此以后，辰野的功绩便填满建筑界的每一个角落。例如，用"美术建筑"一词给予伊东忠太以勇气，又或是引导佐野利器以"耐震结构"为目标努力……他用自己的博大胸怀培育出了下一代的众多优秀建筑专家们。他开创家学会（现为日本建筑学会），为建筑相关人士提供交流的机会，培养近代建造业界人士。同时，他也开设事务所，向世人展示出非国家支持职业的模范。辰野的卓越才能就体现在他的准确判断与眼光。

辰野曾在悬崖边缘通过努力得以开拓自己的人生道路，正因为他怀抱着自己对所有领域都并不擅长的虚怀若谷之心，才能够在所有领域都取得一番成就。将建筑这一复合行业引领至全面西洋化，该是怎样艰难？而不吝努力的辰野正是将这艰难化为现实的最合适的人选。

III

Kyoto

京都

变革与传统交相辉映，
千年古都当如是

京都及其近郊怀山抱水，各种景致
应有尽有，非常适合游客观光。但京都
的气质并非来源于这些自然风光。真正
造就了独一无二的京都的，是人为创造
出的种种历史故事。794年，日本都城迁
至旧称平安京的京都。之后的近千年里，
京都一直被尊为朝廷所在地。与此同时，
信仰、科学、美术工艺等发展壮大，流
传出一段段美谈佳话，化为京都这一方
土地的厚度。

京都的故事绵延千年未绝，终于在
日本开国时有所动摇。幕府统治末期，
京都风雨飘摇，而新政府甫一成立，天
皇便于1869年与新政府一同迁往东京，
皇族也随之一道。如此一来，京都便不
再是国家的权力中心。京都也曾是佛教
文化与建筑盛行之地。过去在京都，佛
寺抬眼皆是。一经开国，宗教信仰层面
也出现新的变化。信仰、科学、自由磨
炼技艺的美术工艺等行业，都无法再固
步自封下去。近代的京都，正是从这里
开始开启了它变革的历史。

若想研究日本"复古建筑"的沿

东华菜馆 29

革，就不得不提到京都。明治、大正、昭和，近代以来每一时代的优质建筑都可以在这里找到。其他城市很难比拟。

"同志社大学"32内建有几栋明治时期的红砖校舍，在日本已不多见。"平安女学院"31也有数栋红砖校舍和教会建筑，至今还在使用，而不是只留下了一点遗迹，所以各个建筑设计师的独特个性仍清晰可辨，置身校园中仿若回到过去一般。"京都东正教生神女福音大圣堂"34是东正教教堂，在当时的民间建筑中也是独树一帜。明治中期，教会学校无论在建筑技术上还是资金面上都得到了海外的大力援助，而开国以后由于其他国家的传教，东正教信徒也大大增加。从这几点来看，为何教会建筑能实现如此辉煌，大致可窥得一斑。

跨过明治初期的停滞期，京都终于踏上了近代都市的征程，在工商业中也开始占有一席之地。于是"京都府厅旧本馆"28拔地而起，在当时的都道府县政府建筑中也是十分气派。三条通上西洋建筑如雨后春笋般涌现，最典型的是日本银行京都分行，即现在的"京都文化博物馆别馆"38，虽然当时日本银行在关西已经开有大阪分行，但还是选择在京都也另设一处。

京都市中心有许多大学，这在本书介绍的三座城市中是独一无二的。例如"同志社女子大学"36。校舍外观采用与此前明治时期校舍相同的红砖，但又带有大正与昭和的独特韵味，即淡淡融进了几丝和风。设计师为建立起京都工艺纤维大学和京都大学的建筑教育体系的武田五一，一位京都极为重要的建筑师。"京都大学"37校园中多种多样的

京都东正教生神女福音大圣堂 34

长乐馆 30

京都艺术中心 39

建筑似乎象征着无须与世俗或权利为伍的自由意志，而武田以及其后辈的设计则进一步扩充了建筑的多样性。与政治中心东京不同，京都的自由环境成为凭借"听竹居"35 的环境工学设计而重新得到高度评价的藤井厚二等人洒脱个性的摇篮。

由于清秀美丽的自然景色而更加富有故事性的京都同样拥有一颗向往世俗的心。尤其是为成功实业家们所青睐的东山，孕育出了"长乐馆"30、"祇园阁"33 等个性派建筑。

近代的京都市民经常造访的要数昭和初年便开在东山对面四条大桥畔的餐馆——"东华菜馆"29，以及以当时最为流行的西班牙修道院风格建成的"京都艺术中心"39。后者极尽奢华，很难想象当初竟是一座小学，是通过将传统融入近代化中繁荣一时的吴服批发街的产物。无论政治和时代如何改变，百姓的生计总能如此顽强地延续自己的鲜活生命。作为"文化的都市"，京都的传统底蕴极为深厚。在这片土地上，信仰、学问、美术工艺等无法立刻见到回报的有形或无形的事物都被容许生存下去，于是近代的教会、学校原模原样地被保留了下来。当然，过程中也会有一些创新，再继续传承下去。传统与革新在京都的碰撞为现代日本创造出崭新的文化，而体现出此种文化的建筑留存至今。京都真可谓是复古建筑的博物馆了。

III

京 都 复 古 建 筑 地 图

28
京都府厅旧本馆

29
东华菜馆

30
长乐馆

31
平安女学院

32
同志社大学

33
祇园阁

34
京都东正教生神女福音大圣堂

35
听竹居

36
同志社女子大学

37
京都大学

38
京都文化博物馆别馆

39
京都艺术中心

32　36

今出川

出町柳

今出川通

37

吉田山

京都御所

28

31

神宫丸太町

冈崎公园

丸太町

地铁乌丸线

34

京阪本线

京都市役所

京都市役所前

地铁东西线

乌丸御池

38

三条

圆山公园

39

阪急京都线

乌丸

河原町

29

祇园四条

30

33

JR京都线

鸭川

京都

东海道新干线

35
山崎

大山崎

看似与政府大楼无缘的优雅建筑

京都府厅旧本馆

1

其优美程度可与法国贵族的城堡比肩。漫步其中，您将不再记得身处京都一事，不再记得这是20世纪的建筑，不再记得它是为行使近代政治所建，一时间竟为这典雅美丽心醉神驰。

俯视建筑整体呈"口"字形。正面门廊凸出，上方是露台。露台后的房间为举行官方活动与典礼的"正厅"，明治到昭和初年人们一直十分重视这个房间。为与这一定位相符，房间内的装饰庄严高雅，位置也处于建筑正面中部这一极为重要的地点。

背朝大道一面的外墙也不输正面。这一侧突出的部分是宽敞的旧会场。天花板极高，连设有旁听席的二层距最顶上还有一段距离。一旁开有几扇拱形窗户，阳光自这里照射进来，与一层、二层窗外的光线凝成一束。阳光与洁白的墙壁、上等木材微微泛起的光泽，还有低调的金色装饰共同形成和谐的画面。

Data
开＝周二一周五，每月第1、3、5个周六对外开放（节假日、12月29日一1月3日除外），10:00—17:00

Access
京都府京都市上京区下立卖通新町西入薮内町/地铁丸太町站步行10分钟

1.走廊环绕着里院，阳光透过玻璃窗照射着工整的装饰品。
2.沉稳高雅的正厅。
3.建筑与家具成为一体的旧会场。正面设有议长席，左右是理事者的长桌，议长席面前摆放有讲台，议员席呈阶梯式围成一个椭圆形。

143

建筑的空间布置令人印象深刻。若从旧会场的议长席画出一条直线，通过正厅进入正面，正好与门口的林荫大道"釜座通"连在一起。其中还有一座可供歇息片刻的里院，回廊环绕，正面玄关到台阶的宽敞空间也可见巧思。

左右对称的西洋建筑在偏向传统的京都很少见，由于能够充分利用空间故而看来十分优雅。建筑正面可作为城市的一道风景线供游人欣赏。日光映照在建筑上又照进室内洒在家具上，创造出一幅令人心动的画面。西洋建筑样式摆脱其刚传入日本时的僵硬之感，忠实地体现出西洋建筑本该有的模样。这正是明治中期独特的建筑财产。

高贵空间与太阳光
共奏和谐之曲

1.正面台阶十分宽敞。
2.从玄关排列至楼梯处的拱门与柱子。
3.大理石栏杆扶手。
4.天花板上的精致装饰衬托出吊灯的素净。

1.旧会场三面摆放的阶梯状旁听席上洒下自后方窗户透过的光。

2.正面另一侧旧会场玄关处的回廊,射入室内的阳光富有戏剧般的效果。

3.建筑正面在文艺复兴风格中加入巴洛克元素。

4.线条优美流畅的旧知事室壁炉。

5.壁炉周围是装饰瓷砖与大理石的组合。

6.如今仍使用当时的家具。

7.被拱门围绕的里院,台阶也独具韵味。

8.通过中庭眺望另一面。

9.正面露台前方是林荫大道——釜座通。

外观仿佛城堡一般

华丽装饰装点的异国风情餐厅

东华菜馆

no.29

William Merrell Vories

1926

1926年/W.M.沃里斯/
RC结构 地上5层

北京料理名店，其建筑风格也不失个性。富丽装饰中融入鱼、蛸等食材的元素，为会餐场所增添别样色彩。

实际上，东华菜馆刚建成时是一个西餐厅。创始人是明治中期开业的生蚝料理店"矢尾政"第二代店主。此店开于大正末期，一时间座无虚席。但后来由于经营陷入困难，无奈之下店主只好将建筑交给来自中国的朋友，现在的东华菜馆由此诞生。

建筑中标志性的地方都施以浓墨重彩的装饰，令人见之忘俗。首先是入口处，左右窗户与墙壁看似素净，走近一瞧却发现顶上叠有繁复的装饰，凝神看还能发现山羊头和贝壳的形状。

菜馆整体以设计师沃里斯最为擅长的西班牙修道院风格为基调，同时又特意强调了巴洛克样式，打造出不同氛围。入口处就采用这样的设计，调动起来客对内部的期待。从鸭川对岸看去，一眼便夺走人们视线的四层的外墙也是如此。刚开业时这部分是作为大宴会厅使用的，因此设计时也特意利用高大的窗户与周围的奢靡装饰强调这一定位。

1.大胆使用齿轮状的拱门。各个房间的天花板装饰也各不相同。
2.与中式家具相得益彰的一层等待区。
3.巴洛克风格强烈的玄关部分。山羊头和贝壳等形状的雕刻隐藏其中。

Data
现作为中餐馆营业
开＝11:30—21:30
＊谢绝单纯参观

Access
京都府京都市下京区四条大桥西诘/阪急河原町站，京阪祇园四条站步行1分钟

不时能看到中东韵味浓烈的拱门与
藤蔓纹样。沃里斯非常擅长设计住宅、教
会、学校、商场等空间宽广的社交场所。
其精美设计扣人心弦，轻而易举便跨过
东西方料理之间天南海北的差异，为一
代又一代的食客带来愉悦体验。

社交空间体现沃里斯的精湛技艺

1.精致的隔扇屏风是沃里斯当年的设计。
2.建筑沿鸭川而建，窗户施以特殊设计令透过的阳光形成更好的视觉效果。
3.绚丽的天花板与梁下的花纹。仰视房间亦不会令人失望。
4.章鱼、海马等动物元素俯仰皆是。
5.复杂的拱门为空间带来变化。
6.最上层的塔楼亦是设计别致，仿佛巴洛克风格的教会一般。

Chourakukan

各式房间异彩纷呈的洋房

长乐馆

no.30

James McDonald
Gardiner

1909

1909年/J. M. 加德纳/
砖结构 地上3层

绕着长乐馆走一圈，各种风格令人目眩。其中最具尊贵之感的便是洒满阳光的餐厅。以纯白为基调，正统派的肃穆装饰一直延伸到高大的天花板上，采用仿照古罗马建筑的新古典主义风格。

来到同样位于一层的会客室，古典瞬间消失不见，优雅占了上风。墙上描绘了全世界的名胜古迹，透出几分与装饰意趣相符的消遣心情。

长乐馆原是村井吉兵卫的京都别邸。村井出生在幕末京都的一个贫穷的家庭中，9岁时被送给叔叔做了养子，开始沿街叫卖烟草。攒下一笔钱后，他转向烟草制造，售卖日本首批不需吸烟器具的无纸嘴烟卷。烟卷人气一路高涨，1904年烟草生意收归国有后他又得到一大笔赔偿金，便以此为基础开始进军银行业与制造业。

Data

"咖啡厅" 11:00—18:00
"法式餐厅" 11:30—14:00、17:30—19:30
＊三层正常情况下不对外开放

Access

京都府京都市东山区八坂鸟居前东入圆山町604/京阪园祇四条站步行10分钟

1. 旧时餐厅使用新古典主义风格，极富意趣。其中放有让人联想起宫殿的巨大镜子，反射着由窗外而来的光线。
2. 为国内外客人所准备的客房。门的内侧设有短短的通道，让观者的心情有所转变。
3. 会客室使用较为轻松柔和的洛可可风格。墙上绘有各地的名胜古迹，由为天皇绘制画像的画家高木背水所画。

长乐馆作为迎接国内外来客的迎宾馆而建，馆内各式风格均十分地道，走在其中如同环游世界一般。这也是对客人的一份心意。

二层的吸烟室铺有伊斯兰风格的地砖，却又配以螺钿工艺的中国风椅子。三层更是将东西方香烟文化巧妙结合，为烟草王打造出一座和风御殿。连接各房间的大厅与楼梯之魅力也不输西洋宅邸，展示了村井指名的美国建筑师加德纳的看家本领。

富有动感的楼梯空间

1.通常情况下会客室都位于玄关侧面，但如此宽敞的并不多见。室内多用曲线以体现优雅氛围。
2.保留当时的家具与日常用品是其特色之一。镜框上的精巧雕刻引人惊叹。
3.西式家具中略带古典元素。
4.台球室以木造风格彰显轻松气氛。
5.村井吉兵卫的妻子所住的位于二层的房间整体为正统派风格，使用一些轻巧内饰中和其沉重之感。
6.从一层通往二层的楼梯动感十足。

自方格天花板坠下的
巴卡拉枝形吊灯

1.二层通往三层的左右对称楼梯。拱门前是榻榻米茶室"长乐庵"。
2.长乐庵参照表千家的残月亭建造，但别出心裁地使用了圆窗与拱形窗，竟也不失和谐。
3.三层书院式的"御成间"配有巴卡拉公司生产的枝形吊灯，方格天花板亦十分特别。
4.吸烟室的花窗玻璃。
5.过去吸烟时使用的螺钿椅子。地板使用伊斯兰风格的藤蔓纹样，同时又可以看到竹、兰等中国意象。

遵循正统建筑风格的女校与大教堂

平安女学院

no.31

Alexander Nelson Hansell

1895

James McDonald Gardiner

1898

"明治馆" 1895年/A. N. 汉塞尔/
砖结构 地上2层
"圣艾格尼丝教堂" 1898年/J. M.
加德纳/砖结构

1

处于明治中期的1895年，大阪川口居留地的女校迁至京都，改名为"平安女学院"。同年明治馆建造完成。不久后，该校的礼拜堂，同时也是日本圣公会京都地区的大教堂——圣艾格尼丝教堂也竣工了。

这一时期，以东京为首的日本各大城市终于开始出现严格遵照建筑风格样式所建的西洋建筑。约西亚·康德设计的三菱一号馆（1894年）以及其弟子辰野金吾设计的日本银行总部（1896年）都诞生于同一时代。

所谓"风格"，即指过去某个特定年代具有固定特征的建筑样式。通过诸般设计在特定风格的基础上创造出独特个性是复古建筑的精髓。

1.花窗玻璃上的三角形是圣父、圣子（耶稣）、圣灵三位一体的象征。圣艾格尼丝教堂的旧称是"圣三一大教堂"。
2.裸露的房架营造出洒脱的氛围。
3.明治馆的封檐板中使用的荷兰曲线是安妮女王风格的特征。3个封檐板姿态各不相同，结合在一起又十分和谐。

Data

"圣艾格尼丝教堂"可自由参加周日礼拜，明治馆通常不对外开放

Access

京都府京都市上京区乌丸通下立卖西入/地铁丸太町站步行5分钟

明治馆效仿安妮女王风格，即以18世纪初期英国安妮女王时代的建筑为灵感。此风格在当时是英国最新的流行风格。无论是勾勒曲线的封檐板，还是木材与砖瓦的巧妙运用，都体现出其考究、朴素的特征。明治馆由来自美国的汉塞尔设计。3年后，自美国远渡太平洋来到日本的加德纳着手建造了教堂。他以厚重的哥特风格为基调，打造出将人们怀抱其中的开阔空间。

近代化开始以来的短短时间内，建筑师们从世界各地齐聚一堂，创造了一栋又一栋遵循正统风格的建筑。跨越3个世纪的校名与校舍见证着明治时期的教会学校是怎样一种特殊的存在。

1.教堂角落的八角形洗礼室。
2.明治馆入口处刻有完成年份"1895"以及"平安女学院"的花体字样。
3.砖墙面向道路,风格独特。
4.明治馆中天花板高度各自不同的房间以折返楼梯为中心布局。
5.拱形构件支撑着短小的"托臂梁",突出于墙壁之外。这一房间架构是设计的要点。
6.支撑屋内结构的砖造壁炉。
7.如今仍然用作教室。
8.沿用至今的壁炉。

Doshisha University

各具韵味的红砖建筑

同志社大学

no.32

Daniel Crosby
Greene

1884

Alexander Nelson
Hansell

1890

William Merrell
Vories

1932

"彰荣馆" 1884年/D.C.格林
"礼拜堂" 1886年/D.C.格林
"有终馆" 1887年/D.C.格林
"哈里斯理化学馆" 1890年/
A.N.汉塞尔
"克拉克纪念馆" 1894年/
R.扎莱
"启明馆" 1920年/W.M.沃
里斯
"安摩斯特馆" 1932年/
W.M.沃里斯

校园历史悠久，相同的红砖在不同建筑上展现出百般姿态。明治时代前20年间所建的5栋楼被指定为国家重要文化遗产。当时日本建筑师还没有真正开始活跃，因此设计主要由外国设计师完成。外国设计师的指导，加上工匠们的精湛技艺，京都最早的红砖建筑由此诞生。

历史最久的彰荣馆中带有一个钟楼，给人印象很深。对面的同志社礼拜堂也因其不加矫饰的入口以及房顶的形状令人难忘。有终馆是最早的图书馆。其内部在1928火灾中被烧毁，但外墙得以幸存。建筑本身的装饰极少，朴素的外观完美衬托出了红砖本身的质感。

上述3栋楼由美国派出的传教士格林所设计，在他的指导下建成。建筑整体风格虽简单淡雅，但一眼便可看出西洋建筑的特征。他非常擅长传达此种亲近感。

Data

在校园内可自由欣赏建筑外部。
礼拜堂、克拉克纪念馆在校园导览以及公开日时可参观内部。
哈里斯理化学馆作为美术馆对外开放。
安摩斯特馆、有终馆、彰荣馆通常不对外开放。

Access

京都府京都市上京区今出川通乌丸东入/地铁今出川站步行1分钟

1.彩色玻璃的斑斓颜色组合映在礼拜堂墙上。
2.仔细观察正面上方，可以看到小小的蔷薇窗。
3.克拉克纪念馆的楼梯绕着玄关处大门而上，设计考究。
4.礼拜堂是日本早期使用托臂梁屋顶的优秀例子。为不在两墙之间架设过长的屋梁，二层放有宽敞的座椅。

接下来是哈里斯理化学馆，气质偏向高雅。其建成的时期比前述建筑稍晚两三年，所反映出的是曾在英国学习正统派建筑的汉塞尔的偏好。

克拉克纪念馆则具有强烈的象征性。其外观同样使用红砖白石的组合，但又满含德国设计师扎莱对于设计的热情，是校内的王牌建筑。

来到大正年间，沃里斯将明治期间的传统与变革尽数传承下来。启明馆是第二代图书馆。安摩斯特馆虽是钢筋混凝土结构，但在外形上仍旧沿袭红砖样式，富有美国大学建筑一般独特的魅力。同志社大学将红砖建筑以及其他种种西洋传统建筑样式搬到校园内，打造出了一个可供人们身处日本感受海外氛围的特殊大学。

1.二层屋顶形状重叠的礼拜堂外观。
2.巧妙组合红砖与石头的哈里斯理化学馆。其设计与建筑师设计的另一座建筑——平安女学院（p158）有相通之处。
3.初代图书馆——有终馆。火灾中内部被损毁，但外部仍存。
4.彰荣馆顶部的塔楼既装有大型时钟又能够敲响钟声，引人瞩目。
5.哈里斯理化学馆的入口处刻有"SCIENCE"字样，字体有中世纪抄本的遗风。
6.如同学校的象征一般的克拉克纪念馆。塔楼略有倾斜，更显高大。

克拉克纪念馆——学校的象征

船形天花板包裹的小礼拜堂

1.克拉克纪念馆中的门上也施有厚重装饰。
2.克拉克纪念馆中小礼拜堂天花板的华美装饰。
3.中间突出的船形天花板将以砖支撑的宽敞礼拜堂包裹其中。
4.克拉克纪念馆内由于与塔楼相连故而形状不甚规则的教室。
正面的楼梯通往塔楼内部。

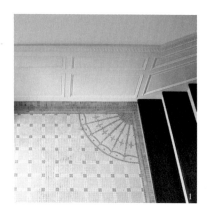

1.安摩斯特馆中的地砖图饰如同画出来的一般。
2.外观以正面玄关为中心左右对称。
3.光线自玻璃窗透进白色基调的房间内。
4.仿佛产生出缓慢节奏般的楼梯板。
5.华丽的天花板装饰处垂下吊灯。
6.典雅楼梯的扶手亦有精细装饰。
7.第二代图书馆 —— 启明馆以其大气的玄关欢迎学生的到来。
8.如同豪宅一般的安摩斯特馆的外观。
＊安摩斯特馆内部不对外开放

6

7

8

扶手亦有匠心设计

Gionkaku

释放时代个性的独特瞭望楼

祇园阁

no.33

Chuta Ito

1927

1927年/伊东忠太
SRC结构 地上3层

祇园阁高约36米，曾是某个私人别邸中的瞭望楼，后归名刹大云院所有。其建筑风格极具伊东忠太的特色。

楼顶部仿照祇园祭中的戈山彩车的形状，并将其放大，从远处看去十分显眼，似是彻头彻尾的京都风味。其实不然，稍靠近些，便会发现建筑师伊东忠太的设计之妙。

好似用石头堆起的建筑下部效仿建在高高地基上的中国建筑。无论是楼梯上怀抱着灯的妖怪，还是天花板上互相咬着尾巴象征轮回的十二生肖雕刻装饰，都能看到欧洲哥特建筑中怪人滴水嘴以及印度建筑中充满生命力的雕像的影子。

伊东于明治中期花了三年半的时间环游世界进行调查。早在这之前，他便偏好曲线与滑稽感，经常思考是否能够在东方与西方的文化间架起一座桥梁。而经此旅行，他将得到的珍贵感受融入此前的思考，开创了独具一格的设计风格。他虽是东京帝国大学的教授，但不为世俗所扰，始终坚持自己的想法。他的这一作风在祇园阁中也有精彩体现：别邸主人的雅号是"鹤彦"，伊东便在塔上以及门上放置翩翩白鹤；门前的狮子狗像的表情也令人忍俊不禁。

Data

通常不对外开放

Access

京都府京都市东山区祇园町南侧594-1 大云院内/京阪祇园四条站步行20分钟

1.楼梯上怀抱着灯的妖怪。
2.天花板上十二生肖相连的独特雕刻装饰。
3.中间部分凸起的方格天花板、火灯窗、宝珠饰等传统建筑细节相辅相成。

别邸主人在祇园阁建成的2个月之前便与世长辞。之后，祇园阁便由搬到当地的名刹大云院继承，现如今已是京都的一处名胜。远看是古典和式风格，近看便是伊东忠太的匠心。

外观独特
从远处看也很醒目

1.窗户内侧有两只白鹤翩翩起舞，灵感来自别邸主人的雅号。
2.守护正面的两座狮子狗雕像表情痴痴傻傻，极富伊东忠太偏好滑稽的设计特色。
3.建筑石砌的下部效仿建于高大地基上的中国建筑。
4.以钢筋混凝土再现传统建筑的结构。
5.铜板铺成的屋顶从远处看也十分醒目。
6.刚刚建成时阁楼是露天的，全无遮挡，后期才安装了门窗等。

来自俄罗斯的教会建筑之美

京都东正教生神女福音大圣堂

no.34

Shigemitsu Matsumuro

1903

1903年／松室重光／木造平房
带有3层钟楼

1.木制门窗上方的耶稣圣像。
2.东正教独有的圣障在俄罗斯莫斯科制作完成，但由于其尺寸长于教堂宽度，只好将一边折叠起来。

Data
周日上午举行主日圣体圣事时可拜观。平时参观要事先预约

Access
京都府京都市中京区柳马场通二条上6-283/地铁乌丸御池站、丸太町站、京都市役所前站步行10分钟

　　在旧时商家建筑留存的一带，有一所形态十分怪异的大教堂。它在正中间竖起一座塔，而不是在左右两边。洋葱形状的圆顶上架着十字架。十字架上端的横线象征耶稣受死时的罪状书，下部的斜线则象征十字架的底板。

　　"正教"在希腊语中是"orthodoxos"，是英语"orthodox"（东正教）的词源。东正教在东罗马帝国消亡后传入俄罗斯。最终来到亚欧大陆尽头的岛国日本，则是得益于1861年来到日本的传教士尼古拉的努力。

教会的外观来自俄罗斯出版的设计图纸集，并将其忠实地再现出来。东正教特有的祈祷用圣画像也专门在俄罗斯制作后运到日本。

来自俄罗斯原汁原味的教堂之美，直击人们的心脏。东正教极为看重向神祈祷。尼古拉相信无论在世界的哪一片土地上，人们都能与他产生共鸣。我们行走在建筑中，便能感受到他那强烈而坚定的信仰。

1.正面立着嵌有30枚圣像的圣障，可以由此想象到最里间至圣所的模样。
2.正面中央部分的塔顶为小型洋葱状圆顶。
3.可透过端正的木窗窥见里面的样子。
4.台阶下方也有精致装饰。
5.花窗玻璃的色彩映照在烛台上。
6.门把手上所装饰的花纹。
7.融入建筑当中的设计细节。

通过实际居住不断改进的住宅建筑结晶

听竹居

Koji Fujii

1928

1928年/藤井厚二/
木造平房

房屋由藤井厚二设计。同时他也是这里的住客。作为一名建筑师，他一直相信传统的日本建筑有许多长处。整洁的空间、与自然共生的理念、伸出的檐下流动的风，等等。同时他也在思考：能否将生活在如此环境中的舒适感科学地摘取出来，并使其更进一步呢？1920年左右，在他成为京都帝国大学教授之后，便开始实践这个想法。他建起自己的房子，举家生活在里面亲身体验，并不断把需要改善的地方应用在下一个作品中。

听竹居是他的第五栋住宅，也是最后一栋。建筑为木造平房，打开玄关处的门便是宽敞的起居室。接下来的房间布局十分有趣，严格来说甚至不能叫作日本传统建筑的"房间"。通过移动隔扇来阻挡空气或遮住视线便可以作为独立的一间来使用。仔细装设好供两个女儿和自己使用的桌子和书架的读书室、现代茶室、卧室中间都以隔扇隔断。餐厅和榻榻米间之间则利用地板的高度差和木门窗芯子轻缓地隔开。各个区域以卧室为中心铺陈开来，与种种生活场景相呼应，空间体验随着需求不断变化。

Data

每周三、周五、周日举办参观会（需提前预约。参观费1000日元，学生、儿童500日元）

Access

京都府乙训郡大山崎町谷31/JR山崎站步行10分钟

1.用玻璃门包围其外廊的朝南向阳光房。四角未设柱子，而是用玻璃门一以贯之，使人的视线集中到被切割为横向长方形的窗外风景上。
2.为生活增添色彩的餐厅中的架子以及上方垂下的花篮。
3.起居室将和洋风格巧妙结合。与隔扇相配的沙发。使用直纹木板和细竹制成的屏风将壁龛隔开。

不用墙壁来生硬地隔绝空间这一理念也体现在房子的内外部关系上。阳光透过南侧的阳光房照进室内。打开玻璃门，室内便与院子相连，木造的房屋与户外的葱郁树木十分相宜。由此我们便可感知到，藤井为了不将内与外、表与里简单地二元化而设计的种种细节，也是植根于日本传统的住宅理念的。

1.榻榻米间下方的通风口连接着西侧通风良好的地方。通过埋在地下的土管使外来的空气降温，使夏天变得舒适。

2.从数寄屋式茶室中高度不同的架子上得到灵感而制成的架子。

3.在2个女儿的桌子处，一抬头便可越过阳光房眺望风景。

4.四分之一圆形的门窗芯子。位于对角线上的窗户令房间看来更为宽敞。

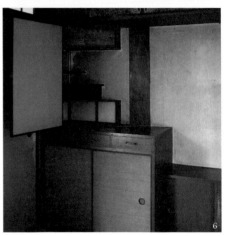

随处可见的几何形状设计

1.贴有美浓纸的灯。光线同时落在正面和背面的
地板上。
2.阳光房天花板上设置的滑动排气口可在夏天排
出热气、冬天保存屋里的温暖空气。
3.清爽的几何形状设计令楣窗也有崭新气息。
4.精湛技艺使材料得以精密结合。
5.玻璃门下方是扫除窗。
6.榻榻米间三角形的架子上放有佛坛。
7.厨房的设计也可以看出对于环境卫生与功能性
的考虑。通过宽大窗户采入光线，厨具架子放在
餐厅隔壁，可通过小门开闭上菜。电冰箱和电炉
子也一直都在使用。
8.使用简约线条所构成的外观。

8

Doshisha Women's College of Liberal Arts

与和风相融合的红砖建筑的优雅之姿

同志社女子大学

no.36

Goichi Takeda

1914
1932

"詹姆斯馆" 1914年/武田五一/
砖结构 地上2层、地下1层
" 荣光馆 "1932年/武田五一/
RC结构 地上2层、地下1层

虽为西式红砖建筑，但似乎能感受到若有若无的和风氛围。武田五一是这两栋建筑的设计师，他的毕业论文的主题是"茶室建筑"。轻妙的茶室与厚重的建筑，这两者之间能否产生化学反应呢？他是对这个问题产生思考的世界第一人，毕业留学后便开始了探索。最终他得出了利用新艺术派以及直线论等新派风格来作为媒介的答案。

詹姆斯馆是他留学归来约10年后的作品。在武田的被完整保存至今的砖造建筑作品中年代最早。从建筑外观上看完全感受不到砖瓦的沉闷感。想必是因为他摒弃了在墙上设置凹凸以及将一层部分加厚的传统做法吧。他的做法是在外墙上放入白色石头，形成带状；并将中央的拱门化为几何半圆形。如此一来符号样式的轻快感便中和掉了砖瓦的厚重感。屋檐下则将花岗岩雕成日本建筑中特有的"木鼻"形状，与木椽和日本瓦构成的房顶放在一起毫无不协调之感。

Data

内部参观需向广报科确认

Access

京都府京都市上京区今出川通寺町西入/地铁今出川站步行5分钟

1. 平滑的墙面、几何形状的拱门给詹姆斯馆带来轻快印象。
2. 荣光馆令人印象深刻的八角形钟楼的内部。现在新装了花窗玻璃，作为冥想室使用。
3. 荣光馆入口处也有八角形元素。

武田一直致力于通过新式设计为日本带来新的体验。在这栋建筑中我们也能够感受到他作为京都工艺高等学校（现为京都工艺纤维大学）教授，培养出多名关西知名建筑师的才气。

荣光馆于18年后完成，也是武田成功在京都帝国大学建立建筑学科后辞去教职的下一年。虽然时代潮流已变为钢筋混凝土结构，但这座建筑的外墙仍旧沿袭红砖外观，并向着新的和式风格发起了挑战。武田五一的两个女儿也曾在这庄严的校园中学习。

1

1.荣光馆中约可容纳1600人的讲堂"福勒礼拜堂"。
2.詹姆斯馆的宽敞走廊。拱门与天花板曲面相呼应。
3.白漆天花板与墙壁上直线造型的装饰是詹姆斯馆的特征。
4.墙壁上突出的短梁和通风口的形状都融入了日本传统元素。墙壁上贴有的瓷砖与此后的京都大学一百周年钟楼纪念馆的设计相通。
5.荣光馆的红砖墙壁和瓦制屋顶沿用詹姆斯馆的设计。

KYOTO UNIVERSITY

多彩建筑孕育自由学风

京都大学

Jihei Yamamoto
Kyozo Nagase

1914

Goichi Takeda

1925

Saburo Okura

1931

"文学部陈列馆"1914年/
山本治兵卫、永濑狂三
"一百周年钟楼纪念
馆"1925年/武田五一
"乐友会馆"1925年/森田
庆一
"东亚人文情报学研究中
心"1930年/武田五一、
东佃谦三
"旧演习林事务室"1931
年/大仓三郎

说起京都大学，人们经常使用的描述是"自由的学风"。

首先，校园的设计就体现出自由。不仅没有宽敞的里院，连面向大路象征权威的厚重建筑也不见踪影。经常在照片中作为京都大学的标志出现的本部学校正门也不会给人沉重之感。

京都大学原名为京都帝国大学，是日本的第二所帝国大学，于1897年建立。学校选址在之前的第三高等学校原址上。最外面的正门也是原样继承了第三高等学校过去的大门。故而与其他学校的建筑材料有很大不同。

正面的一百周年钟楼纪念馆是之前的主楼。整体大气恢宏，但时钟上的文字字体又十分可爱，墙上用瓷砖拼成细致美丽的图案。这些细节体现了设计者京都大学建筑学科的初代教授——武田五一的轻快风格。

Data

可在校园内自由参观建筑外观，禁止进入教学楼
"一百周年钟楼纪念馆" 9:00—21:30
休=年末年始

Access

京都府京都市左京区吉田本町/京阪出町柳站步行20分钟

1.东亚人文情报学研究中心采用与光照相宜的西班牙修道院风格。突出的时钟在白色墙面上投下影子。
2.玄关具有强烈的罗马风格。柱头的形状与绳状花纹带有中世纪的朴素质感。
3.进入正门便是京都大学的象征——一百周年钟楼纪念馆。墙壁上点缀有流畅美丽的花纹。

随着学校面积逐渐扩大，一些较为独立的院系和研究所纷纷建起新楼。校园内便留存下了各个年代建成的建筑，均保留当时各自不同的风格。这也从另一个角度体现出国立大学具有的自由特征。正因为缺乏整体性，才能够催生出如此多姿多彩的建筑。

在这些多种多样的建筑中有一样东西贯穿始终，那就是对于细节的考究。建设社会的宏大理想，从微小的自己起步。京都大学告诉我们，自由才是创造力的根源。

摒弃统一感，
强调每栋建筑的独立性

1.京都大学经济学部本馆呈锯齿状，是由哥特式向昭和初期流行的装饰风的过渡。
2.风格各异的楼梯。
3.旧演习林事务室是周围环绕游廊的木造建筑。
4.进入正门即可看到一百周年钟楼纪念馆。
5.平房式的朴素风格给人一种来到南方湿地的错觉。

华美装饰与实用性功能兼具

1.3.4.5.东亚人文情报学研究中心是东方文化学院京都研究所的研究设施。功能性与华美的装饰毫不冲突。设计的整体方向据说是由后来成为京都帝国大学校长的文学部教授滨田耕作所决定，采用北意大利的寺庙风格。

2.一百周年钟楼纪念馆的门廊处嵌有装饰性的赤陶。

6.综合研究15号馆是过去的工学部建筑学教室本馆。柱子仿照传统建筑架构，加以轻快的瓷砖花样，显示出曾在这栋教学楼中执教的武田五一致力于融合和洋的个性。

＊东亚人文情报学研究中心不对外开放

宽阔校园的角落中
也可看到多彩建筑

1.医学部系统解剖讲义室，显示出明治中期木造西洋建筑的特征。墙壁上的鱼鳞板和推拉窗、瓦制屋顶上半圆形的屋顶窗，打造出微微发亮的朦胧建筑。

2.尊攘堂是明治中期幕末志士们的遗物被捐赠给学校时所建。日本的土窑与西洋的正统古典主义交织，碰撞出独特韵味。

3.4.5.乐友会馆的西瓦屋顶由Y形柱子所支撑，是由武田五一招进来的新锐建筑师助教 —— 森田庆一所设计。

6.大正初期完成的文学部陈列馆拥有贵族宅邸一般的优雅外观。

7.教育推进、学生支援部于明治中期建成。到大正末年为止经过多次增建，虽然都使用红砖，但能够看出各个时代不同的设计特征。

＊文学部陈列馆禁止无关人士入内

The Museum of Kyoto

明治的代表风格"辰野式"由此起步

京都文化博物馆别馆

no.38

Kingo Tatsuno
Uheiji Nagano

1906

1906年/辰野金吾、长野宇平治/
砖造 地上2层、地下1层

1902年，为日本建筑界做出巨大贡献的辰野金吾辞去了东京帝国大学教授的荣耀职位。在结束了18年的教授生涯后，他进入了接下来17年的民间设计师人生。

以辞职为契机，独特的"辰野式"初现于世。使用白色花岗岩长带装饰红砖，如东京站（1914年）一般，一眼便可看出是辰野的独特风格。过去曾是日本银行京都分行的这栋建筑是初期"辰野式"的最好例子。

1903年设计完成，工期长达3年。此刻展现给世人的是不同于教授时代的辰野设计。与同属日本银行的建筑对比来看，不管是东京的总行，还是3年前完成的大阪分行（p92），都统一使用石头建造外墙。重要处都使用古典爱奥尼亚柱子与三角形人字墙，愈发强调建筑本身的厚重感。

Data

10:00—19:30
休=每周一（节假日顺延到第二天）
＊楼梯部分和二层通常不对外开放

Access

京都府京都市中京区三条高仓/地铁乌丸御池站步行3分钟，阪急乌丸站步行7分钟

1.银行时代分为营业室和等待处的前台被忠实复原。
2.视线上方的菱形天窗有阳光透过。天花板以天窗为中心细心铺满材料。
3.柱子与拱门等重要的地方采用正统古典主义风格，与中央银行的定位相符合。

那么京都分行又是怎样的呢？细节处的圆润线条十分惹眼，整体颇为活泼艳丽，有一种市井气息。不禁令人们感到十分疑惑，如此设计真的适合由国家建立的中央银行吗？

辰野是一位敢于从"教科书上的正确答案"中解放出来的建筑师。相信他那胸怀理想、不断前行的身影，定会传达给后辈们如何去质疑、挣脱所谓的"正确答案"。倒不如说，离开大学的他，才真正成了一位老师。

不似银行建筑的活泼装饰

1.角落处2根柱子重叠的手法属于巴洛克风格。给宽敞的营业室增添视觉冲击，尽量减少空间的枯燥无味感。

2.3.楼梯的设计也沿袭正统。

4.中央玄关上设有2组柱子的上部有视觉膨胀感，下方为放射状的拱顶。外观与正统古典主义不同，偏向活泼风格。

5.入口处的金属装饰体现出辰野偏爱简单几何形状设计的爱好。

6.英国设计师里查德·诺曼·肖也擅长设计红砖墙上延伸白色石带的建筑，活动时期与辰野几乎相同。辰野也吸收了他的一部分手法。

Kyoto Art Center

由市民所奠基的时髦小学校舍

京都艺术中心

no.39

Kyoto City Eizen-ka

1931

1931年/京都市营缮课
"本馆"SRC结构 地上2层、
地下1层
"北校舍、南校舍"RC结构
地上3层

1

这里过去是明伦小学的校舍。柔和的冰激凌色墙壁上缀有鲜艳的屋顶瓦，从门口向内张望，室内仿佛是按照私人爱好所建的私宅一般，完全不像是公共建筑。应该是采用了昭和初期主要以住宅为中心流行起来的西班牙风格所致。

学校早在明治二年（1869年）便已建立。学校最早是江户时代的百姓们十分熟悉的"石门心学"的心学讲堂"明伦舍"，这也是校名的由来。

正门所对的室町通自应仁之乱（1467—1477年间日本发生的内乱）以来便是京都最为繁华的商业集聚地。江户至明治时期，又巧妙吸取现代社会优势，凭借吴服批发售卖等生计越发兴盛。校舍能够建立起来，也是得益于对于城市的未来十分重视的人们所捐赠的大额资金。

Data

"美术室、图书室" 10:00—20:00
"咖啡厅" 10:00—21:30
休=年末年始、不定时临时休馆

Access

京都府京都市中京区室町通蛸药师下山伏山町546-2/地铁四条站，阪急乌丸站步行5分钟

1.搬运货物以及避难时十分实用的倾斜设计。现代功能与复古装饰性同处一室，十分珍贵。
2.茶室风格的圆窗。室内看起来为和风，室外看去则为西洋风。
3.楼梯的设计亦十分精心。模仿手的形状的箭头标志十分可爱。

讲堂如同大学一般，榻榻米大房间足有78叠（1叠≈1.65平方米），一时竟让人想象不出自己身处钢筋混凝土结构的教室中。设计师尽情发挥自己的本事，使用了许多独特装饰与倾斜设计。其气派精致别处无可寻觅。

这时髦的校舍于1993年结束了自己作为学校的使命，变身为新型都市文化的创造基地。跨越政治与时代的纷繁变幻仍旧守着一方传统的京都。在这片土地上，学校于明治开校，在昭和建造校舍，如今又化身为艺术中心。任时光流转仍旧顽强生存的意志交织在建筑的历史当中。

私人宅邸一般的丰富装饰

1.78叠的榻榻米大房间使用中央凸起的方格天花板，十分气派。
2.外墙上逐渐升高的倾斜细长窗户为校舍增添动感。
3.正门面对富有古典韵味的室町通。
4.令人联想起传统建筑架构的屋檐下搭配西瓦，独具匠心。
5.使用赤陶的山墙装饰。
6.丰富的装饰仿佛私人宅邸一般。
7.阳台设计亦别有韵味。
8.楼梯的最末端也精心设计。

武田五一

普及建筑教育，
与同伴共同奠基大阪建筑业

武田五一 ◎ 1872年出生于广岛县福山。1903年到1918年在京都高等工艺学校任教，1918年到1920年任名古屋高等工业学校校长，1920年到1932年任京都帝国大学教授。通过研究欧美的最新动向，为日本的建筑、图案、工艺等设计事业贡献良多。本书中未提及的作品有求道会馆（东京都文京区，1916年）等。与弟子共同设计的作品占多数。1938年去世。

武田五一是关西建筑教育双璧——京都大学与京都工艺纤维大学建筑学科的创始人。他于1897年毕业于东京帝国大学建筑学科。随后京都高等工艺学校（现京都工艺纤维大学）决定建立，他被内定录用为教授。为研究与教学做准备，他于1901年赴欧洲留学。

他在国外受到新艺术派等最新潮流的洗礼，于1903年回国。这一年，学校迎来第一届学生，设计教育走上了正轨。接下来，他于1920年成为新开设的京都帝国大学（现京都大学）的建筑学科创始委员，带领藤井厚二和森田庆一等新一代优秀设计师进入校园。同时，武田也将自己作品中精于变通的特色带入了两所大学，培育出与东京截然不同的学风。

有趣的是，同时期还有一个人在关西的活跃十分引人注目。他就是片冈安。1897年从大学毕业的细野安作为日本银行的工程师入职大阪，入赘到大阪实业家片冈直温家中，改名片冈安。1905年，他与辰野金吾共同开设辰野片冈设计事务所。他精通最尖端的建筑技术与城市规划，与政经界人士也有诸多联系。辰野过世后他便继而成为关西的权威，做出诸多贡献。

还有另一位建筑师松室重光，是京都最早的一批建筑师中的代表。"京都东正教生神女福音大圣堂" 34 以及 "京都府厅旧本馆" 28 均由他设计。他出身京都贵族世家，松室家代代担任松尾大社摄社——月读神社的神官。风雅动听的名字正与这家世气质相合。但他之所以在故乡就职，是因为他毕业的1897年，《古社寺保存法》通过，京都府急需懂得文化遗产修复方面知识的人才。松室虽有足够能力胜任这份工作，却被下属贪污所牵连，1904年辞职。他精湛的技艺可从他在昭和初期担任片冈安的设计事务所所长代理时经手的"武田道修町大楼"中窥得一二。

三位建筑师都拥有自己独特的风格。在此基础之上，武田在建筑教育领域、片冈在实业界、松室在文化遗产领域，分别在关西拓展了一片天地。辰野金吾辞世后的18年，下一代建筑师们奠定了关西建筑业的基础。说到这里，我们似乎也跟着他们亲身经历了一遍西洋建筑从传入到扎根的精彩历史。

为了更好地欣赏复古建筑

这次参与这一系列书籍的制作，是我首次接触建筑摄影。在拍摄复古建筑的过程中，我最大的感想就是："真是太有趣了。"过去从不曾留意的建筑原来如此富有个性，我为之震惊。

回过神来，我已深深沉迷于复古建筑的世界，使劲地拍摄起来。为了让大家也能够体会这种乐趣，我在这里教大家几个欣赏复古建筑的小要点。

◎感受

每栋建筑的性格都不相同。尤其是复古建筑，极富人情味。建筑师、使用的人、时间，种种要素共同作用，催生出种种不同的个性。

看着这栋建筑，您有什么样的感觉呢？如清风拂过一般，还是轻飘飘的舒适感受，抑或是沉稳的厚重感？有的建筑甚至能带给人在水中游泳一般的感觉。

我想，用全身心来感受建筑是一种非常有趣的体验。

◎捕捉

复古建筑建成的时代，室内并没有像荧光灯这样将室内照得如白昼般明亮的照明手段。因此有许多建筑都致力于尽量将外部光线引进室内。当然，也会悬挂灯具，让微弱灯光也起到一定作用。

如果有机会的话，希望大家不要使用闪光灯，随着自然的光影变化来体会建筑之美吧。

◎思考

我知道，或许大家看到美丽的建筑物，立马就想拿起相机或手机来拍照。这种时候，请大家稍微停顿一下。

为什么这里会放置着一根柱子呢？是什么风格的装饰呢？现在用在什么用途上？我们可以利用这个时间来仔细想一想建筑师的意图和经过漫长的岁月洗礼后产生的变化，相信一定会有收获。

当您沉静下来，能够举起相机的时候，请把水平和垂直线对齐。仅仅一点变化，就可以给照片带来戏剧性的改变。

◎寻找

复古建筑中有许多装饰、砖、灯、墙、三角支架、楼梯边上的装饰、窗户锁、门把手……一个一个仔细观察，便可以有许多有趣的新发现。有时动物元素还会藏在某个角落里呢。

希望大家都能够带着像寻宝一般的心情，不放过每一个细节，仔仔细细地去欣赏一番吧。

下村忍

后记

简单而又深奥，建筑可以以多种形式呈现在您的面前，带来新的体验。如果有同行的人，则更是如此。

拙作《东京复古建筑寻影》出版时，我还不曾想到会出续篇。那是将第二次世界大战前的东京建筑精选出来加以介绍的同一系列的书。我仍然记得，当时经过反复思考，最终选择了"复古建筑"这个词作为主题。这是因为"复古建筑"并不是一个专业学术词汇，氛围较为相近的建筑也可以算在内，似乎是个有点随意的词汇。因此，在过去建筑史研究者所写的书中，没有人把复古建筑定为主题。提到"复古建筑"这个词，我们的直观感受是它表达出了将建筑创造性地回溯到过去这一深层意义。想到这里，我便明白，这个词是可以与我期望表达的对于建筑的心动相匹配的。

之后出版的《东京现代建筑寻影》中收录了经济高度成长期到20世纪70年代的建筑。现代，即modern一词来源于拉丁语的"modernus"（现在的）。从这个视点来看建筑，与复古建筑形成对比，更显示出现代建筑无可替代的价值。

写书就像串念珠一样。前两本书得到大家的好评，自然而然就迎来了本书的出版。本书的目的地换成了关西地区。对于不久前从东京搬到大阪的我来说，能够给大家介绍关西近代建筑的不同寻常之处，不胜荣幸。

这本书与前两本不同的是，从建筑角度对神户、大阪、京都3座城市的个性进行了阐述。而前两本书中没有明言的东京的独特个性，大家也可以在这本书当中多少感受到一些。

同时，本书与前两本书有着紧密的联系。本书中提到的弗兰克·劳埃德·赖特、威廉姆·梅里尔·沃里斯的"建筑师传奇"专栏记载在《东京复古建筑寻影》之中。

这本书能够走到这里，还要感谢摄影师下村忍。我惊讶于其摄影作品的表现力之强。为了与精美的摄影作品相匹配，我加倍努力，认真写出了文字部分。希望大家能够在本书构筑的世界中尽情往来于三大都市之间，侧耳倾听那些建筑想要对我们说的话。

仓方俊辅

图书在版编目（CIP）数据

神户·大阪·京都复古建筑寻影/（日）仓方俊辅著；安琦译. —武汉：华中科技大学出版社，2020.8
（日本建筑流金岁月）
ISBN 978-7-5680-6327-2

Ⅰ.①神… Ⅱ.①仓… ②安… Ⅲ.①古建筑－建筑艺术－日本－摄影集
Ⅳ.①TU-093.13

中国版本图书馆CIP数据核字（2020）第118783号

KOBE OSAKA KYOTO RETROSPECTIVE KENCHIKU SANPO
© SHUNSUKE KURAKATA & SHINOBU SHIMOMURA 2019
Originally published in Japan in 2019 by X-Knowledge Co., Ltd.
Chinese (in simplified character only) translation rights arranged with
X-Knowledge Co., Ltd. TOKYO,through g-Agency Co., Ltd, TOKYO.

本作品简体中文版由日本X-Knowledge授权华中科技大学出版社有限责任公司在
中华人民共和国境内（但不含香港、澳门和台湾地区）出版、发行。

湖北省版权局著作权合同登记 图字：17-2020-129号

神户·大阪·京都复古建筑寻影

Shenhu Daban Jingdu fugu Jianzhu Xunying

[日] 仓方俊辅 著
安琦 译

出版发行：华中科技大学出版社（中国·武汉）　　　电话：(027) 81321913
　　　　　北京有书至美文化传媒有限公司　　　　　　　　 (010) 67326910-6023
出 版 人：阮海洪

责任编辑：莽 昱 刘 韬
责任监印：徐 露 郑红红 封面设计：邱 宏

制　作：北京博逸文化传播有限公司
印　刷：北京金彩印刷有限公司
开　本：635mm×965mm　1/32
印　张：6.5
字　数：48千字
版　次：2020年8月第1版第1次印刷
定　价：79.80元

华中出版